向内生长
唤醒你的内在能量

朱诺◎著

当代世界出版社
THE CONTEMPORARY WORLD PRESS

图书在版编目（CIP）数据

向内生长：唤醒你的内在能量 / 朱诺著. -- 北京：当代世界出版社, 2024.9. --ISBN 978-7-5090-1844-6

Ⅰ．B848.4-49

中国国家版本馆CIP数据核字第2024JK0945号

书　　名：	向内生长：唤醒你的内在能量
作　　者：	朱　诺
出品人：	李双伍
监　　制：	吕　辉
责任编辑：	孙　真
出版发行：	当代世界出版社有限公司
地　　址：	北京市东城区地安门东大街70-9号
邮　　编：	100009
邮　　箱：	ddsjchubanshe@163.com
编务电话：	（010）83908377
	（010）83908410 转 804
发行电话：	（010）83908410 转 812
传　　真：	（010）83908410 转 806
经　　销：	新华书店
印　　刷：	艺通印刷（天津）有限公司
开　　本：	880毫米×1230毫米　1/32
印　　张：	7.5
字　　数：	130千字
版　　次：	2024年9月第1版
印　　次：	2024年9月第1次
书　　号：	ISBN 978-7-5090-1844-6
定　　价：	49.80元

法律顾问：北京市东卫律师事务所　钱汪龙律师团队（010）65542827

版权所有，翻印必究；未经许可，不得转载。

自　序

人生的第一次觉醒，是从睁开眼看向内在开始的。

生命中的一切境遇，都和我们的内在同步匹配。

你陷入低谷、遭遇重大打击、经历失去，这些都在提醒你——向内看。

写本书序言的时候，正值我 30 岁生日来临之际，冥冥之中，仿佛是让我回望这 10 年间的生活。

在我 20 至 30 岁这 10 年的旅途上，挤满了迷茫彷徨、漂泊动荡，内在巨大的冲突、无休止的自我怀疑致使我在每一个人生关键点的选择上摇摇晃晃、反复内耗。

是回老家考公务员，还是在大城市奋斗？

是找一份安稳靠谱的工作，还是为梦想勇敢冲一把？

是继续忍受朝九晚六的工作模式，还是尝试朝不保夕的自由职业？

是要和相恋多年的恋人继续纠缠，还是勇敢告别一段关系，学习独自生活？

是选择继续留在生活多年的城市，还是丢弃一切开启旅居生活，四处流浪漂泊？

人生路上常常面对多个分支和岔路口，既没有路标也没有参考答案。

唯有遵循本心，听从内心的召唤和指引，才能走出那条属于自己的少有人走的路。

如今30岁的我，过着20岁的我想都不敢想的生活。

出书、从事自由职业、开启旅居生活等梦想一一实现。

有一份自己热爱且能够带来钱和自由的事业。

在最喜欢的城市大理旅居，享受慢生活的滋养。

拥有一帮"老友记"般的朋友们，时常相聚互相疗愈。

人生的路，就在这勇敢直面内心的过程中，越走越精彩，越走越开阔。

而这一切都离不开——内在的觉醒。

知道自己是谁，想要拥有怎样的生活，如何度过自己的一生，清楚一路上会遇到怎样的荆棘风暴，并且为此做好了准备。

我不认为人人都应像我如此，就如同有的人简单平淡度过一生也一样幸福安乐。

然而，如果你渴望过上一种内心真正向往的生活，如果你渴望获得灵魂深处的平和愉悦，如果你希望站在人生终点回溯自己的一生觉得没有虚度。

如果你准备好了，那么从这一刻，就可以启程了。

现在，请把目光投向你的内在。

那里埋藏着你的恐惧创伤，你的固有模式，你的限制性信念。

同样，那里也溢满你的丰盈自足，你的智慧豁达，你的活力热情。

"万物皆有裂痕，那是光照进来的地方。"

拒绝凝视内在的深渊，同样也是在把阳光拒之门外。

所以，打开那扇紧闭的心门，让阳光一点点渗入。

本书将从内在觉醒、恋爱修行、能量提升、向上生长四个部分阐述如何走向"向内求"的道路，希望这本书能够像第一束涌入你内心的光，帮你解决在职场和生活中遇到的诸多困惑，让你的内在能量满满，带你真正"看见"自己，并活出闪闪发光的自己。

向外求，皆求不得，向内求，皆有答案。

目　录

第一章　内在觉醒

002　到底是什么困住了你
007　梦境是潜意识和你的对话
013　你的房间就是你的潜意识
018　你一直被卡在同一关
022　其实你害怕发光
026　请相信自己的身体和直觉
031　人与人之间的互动，是潜意识的互动
037　所有关系的原点都是你自己
043　所有的关系都是镜子
047　外在的一切都是你内心世界的投影
052　只有死亡才能让你觉醒

第二章　恋爱修行

- 058　姑娘，请戒掉托付心态
- 063　你不是恋爱脑，你只是在逃避母题
- 067　你的恋人，是灵魂替你选择的
- 071　亲密关系中如何修炼自我
- 078　情执——最难过的一关
- 082　如何度过分手戒断期
- 089　如何面对离别和失去
- 096　如何面对生命中的过客
- 101　如何确定 TA 是不是对的人
- 104　谈恋爱，到底在谈什么
- 108　为什么想分手却分不掉
- 113　真正的爱，是扶级而上的

第三章　能量提升

- 120　别轻易授予他人权限
- 124　到底是什么封印了你
- 129　厉害的人都开启了节能模式
- 134　戾气越重，运气越差
- 137　你的注意力在哪儿，你的能量就在哪儿
- 140　你的嘴就是你的风水
- 146　你就是你的信念系统
- 152　找到属于你的那根管道
- 156　如何获得充沛持久的生命力
- 160　生命状态是最好的显示器
- 164　食物链的顶端是高能量

第四章　向内生长

170　不要害怕告别和失去

174　成长就是"背叛"父母，"杀死"过去的自己

179　底盘不稳，扎根不深

183　恐惧背后蕴藏着巨大的惊喜和礼物

188　你的人生容错率比你想象的更大

194　你最大的问题是不信任自己

198　清醒要趁早，你一生都在为选择买单

203　人生根本没有所谓的弯路

208　每个人一生中总会经历至少一次"灵魂暗夜"

213　所有相逢，皆有意义

218　一定要一个人独自旅行一次

224　勇敢面对人生母题

第一章

内在觉醒

内在的觉醒,是把目光从外界投向内心、从他人转向自己开始的。

到底是什么困住了你

大多数人其实是害怕自由的。

很多人嘴上说着想要自由，想要不被朝九晚六束缚的自由、不被婚姻孩子困住的自由、不被房贷车贷绑住的自由。

但为什么没有去追寻这样的自由呢？

因为他们潜意识里在逃避自由，害怕承担自由的代价。

想要不被朝九晚六束缚的自由，就要做好失去稳定收入的准备。

想要不被父母"绑架"的自由，就要做好失去父母理解支持的准备。

想要不被家庭困住的自由，就要做好孤独终老的准备。

想要不被房贷绑住的自由，就要做好颠沛流离的准备。

自由就像磁带的 AB 面，A 面是开阔、无拘无束、丰盛充盈、富有生命力的生活。

但别忘记，还有 B 面，B 面是未知、恐惧、不确定、不安全、不被理解认可、另类。

而人们想要的自由，是只想要自由好的一面，却不愿承担自由的代价。

于是我们把自己亲手关进了牢笼里。

这个牢笼可能是一种共生关系、一份体制内的工作、一种呆板无趣的生活。

在这里，你感受到了一种熟悉的安全感。

这种安全感就像温水煮青蛙，虽然舒适，但你偶尔也会陷入一种困顿、停滞和无聊绝望的状态中。

可能会有人反驳，谁不向往自由？但不工作，钱怎么来？不买房，住哪里？不结婚不生孩子，谁给你养老？

其实真正困住你的，不是外在的事物，而是你内心给自己打造的心灵枷锁。

那这个困住我们的心灵枷锁到底是什么？

一、内心的恐惧

你害怕的东西太多了。

任何你没尝试过、看不到结果、无法预测掌控的事物，都让你害怕。

所以你只敢去过让你熟悉、安全、稳定的生活。

很多人都卡在了这里，因为内心的恐惧、安全感的缺失而临阵退缩。

而恐惧源于你对未知的灾难性想法，很多你害怕的事情，你真正去做了就会发现，不过如此。

恐惧背后是什么？是自由。

你敢用多大步子跨越你的恐惧，你就拥有多大范围的自由。

二、对安全感的追求

我们对安全感的追求已经到了一种病态的地步，为了获得安全感，不惜消除一切不确定性。

这是很可怕的一件事。

你寻求亲密关系的安全感，还没开始一段关系，就想得到一个确定的结果。

于是你剥夺了自己去尽情体验恋爱的自由。

你寻求工作上的安全感，不想面对行业更迭、被优化淘汰的不确定性。

于是你迫不及待地把自己送进体制内。

不管面对任何事情，你都想要一个确定的结果、已知的答案。你希望生活中没有任何变量，最好能够一眼望到头，到死都保持不变。

知道这样的生活最后会变成什么吗？

——一潭死水。

它只会吞噬、扼杀你的生命力。

你的人生可以大胆一点，允许一些变量、意外、不确定性、冒险的存在，因为你不会死。

自由就是拥抱不确定性。

你对不确定性的承受力越强，你能够抵达的自由边境就越开阔。

三、限制性信念

限制性信念，简单理解，就是僵硬、教条、固化的信念。

"30 岁的女人就不值钱了。"

"男人没房没车就是 loser。"

"不结婚不生孩子就是不孝。"

如果你认同它，你就会沦为限制性信念的囚徒。

那么，你的人生就不是你的，而是迎合他人期待的人生。

你的幸福也不是你的，而是别人眼中的幸福。

自由是什么？

就是不断打破限制性信念。

找到它，打破它，重新定义它，你就自由了。

"30 岁的女人就不值钱了。"

不，30 岁是一个女人真正觉醒、散发魅力的起点。

"男人没房没车就是 loser。"

不，成功是按照自己喜欢的方式过一生。

"不结婚不生孩子会孤独终老。"

不，那意味着人生一大半时间都可以归自己支配。

没有什么能够真正困住你，除了你自己。

自由和安全感往往是此消彼长的关系。

自由意味着打破枷锁，但枷锁有时也是安全感的来源。

笼中的鸟儿虽然无法自由飞翔，但同样也不必面对四处觅食、躲避天敌之苦。

所以你也可以思考一下，你真的想要自由吗？

你在恐惧什么？什么信念在限制你？你做好了承担自由代价的准备了吗？

梦境是潜意识和你的对话

我们的梦境，是潜意识和我们沟通的重要媒介和通道。

卡尔·荣格关于梦有一个很好的比喻：

人的心灵是一个大房子，我们白天的日常生活在上面的小阁楼里，阁楼之下的房间、地下室和外面的世界都是很少到达的。而梦有这个功能，它领着我们走出小阁楼看到不一样的风景。但是，很多人不够勇敢，一辈子都在小阁楼上，所以，只有意志力比较强的、充满好奇心的、对自我有探索的人才愿意走出小阁楼，记录、分析、探索自己的梦，因为阁楼下面的房间有的时候非常可怕，我们可能无法面对。

我们的梦其实有相当多的重要作用，它不仅能够替我们释放白天压抑的情绪感受，还能够找出我们日常所忽视的风险危机，与此同时，梦境还能够为我们揭露一些我们不愿意去面对的真相，提示并指引人生和爱的方向。

其实，潜意识是对我们的情绪、感受、行为，乃至人生产生重要影响的开关。如果我们能够及时捕捉并破解潜意识传递的信息，那么我们就有机会进入潜意识层，更深入地了解自己，改变命运。

一、警告风险

梦的第一个重要作用是警告，提醒我们日常生活中遗漏的重要信息和潜在风险。

我认识一位姐姐，她跟我说，20多岁的时候，她差一点儿嫁给一个父母朋友都无比欣赏的"好男人"，这个人不管是在工作能力、人际关系，还是情绪价值方面都做得无可挑剔。

可她说不出哪里不太对劲，隐隐约约内心总是有些担忧。

在婚礼前两周，她做了一个梦。

梦里，她一个人在餐厅里吃饭，这时候有一个服务员端着盘子向她走来，她定睛一看，这个服务员正是她的未婚夫，而让她毛骨悚然的是，梦中这个服务员的正面是她未婚夫的样子，背面竟还有一张诡异的脸。

她当时一下子被吓醒了。

后来有一次，她趁未婚夫洗澡，偷偷翻看对方的手机，终于发现对方隐藏已久的秘密——他是一个双性恋。

后来她无比感谢这个梦，因为这个梦里的"双面人"，其实代表着她未婚夫有着不为人知的另一面，潜意识试图警告她——她的未婚夫向她隐瞒了一些东西，他并不像看上去那么诚实可靠。

很多时候，我们会选择性看见一些对自己有利的信息，忽略不符合我们认知和偏好的信息，但这一切都会被潜意识收录下来，再通过梦境，完成对我们的预警和提示。

二、揭露真相

梦的第二个作用是揭露真相。

我们的大脑常常会自我欺骗，但我们的梦不会，梦是最诚实的镜子，很多我们在意识层面否认、压抑、抗拒的真相，梦都会如实照见出来。

分享一个我自己做过的梦。

跟前男友在一起的时候，我曾做过一个匪夷所思的梦。

我和前男友睡在一张床上，突然我妈推开卧室的门进来了，我有种被"捉奸在床"的感觉。

梦里，我对妈妈感到非常抱歉和羞愧，仿佛睡在我旁边的人是她老公。

后来某一天，我突然理解了这个梦。

在潜意识里，我把前男友当成了"父亲"的替代品，我从他身上获得了童年时没有从父亲那里得到的关注、疼爱和支持。

在我对前男友的感情里，除了男女之爱，也有某种类似于对父亲的依恋。

这种感觉通常难以被常理容忍和接受，于是在意识层面我们抗拒、压抑并否认它。

但潜意识在梦境中，通过将父亲和男朋友的形象融合在一起，以及我面对母亲的那份"羞愧"的心情，来揭示我内心对这段关系的真实感受，那就是——在一定程度上，我和前男友交往是为了填补我童年时所缺失的父爱。

梦里往往隐藏着一个人内在的阴暗面、攻击性、不为世俗所接受的欲望。我们愿意多深地看见自己，取决于我们愿意多大程度地凝视和接纳这份阴暗面。

三、释放情绪

梦的第三个作用就是帮助我们释放被压抑的情绪。

不好的情绪是需要被释放掉的，如果它长期被压抑在体内，会导致一些心理问题的出现，或者引发身体的病变。

而梦提供了很好的契机，帮助我们将白天、过往积累的坏情绪释放出来。

武志红曾讲过一个故事，有一位私营企业的销售部总经理阿城做过一个梦，在梦里，办公室阴暗、冰冷、潮湿，地板黏黏糊糊的，还有些腥味。

后来他看到，在一间很大的办公室里，有一排铁钩子，上面挂着被屠宰的猪，而他的同事们都是屠夫的样子，他当时第一反应就是反胃，想要呕吐。

这个梦反映了阿城对公司和同事们的情感和态度，阿城所在的公司是靠传销起家的，虽然他心底对公司非常反感，也不认同公司的价值观，但由于"总经理"的名头，他强迫自己把对公司的真实感受压抑下来。

而这些情绪和感受并不会平白无故消失，于是通过梦境表达了出来。

可见，梦能够在一定程度上帮助我们平衡内心和现实，置身于梦境中，我们得以宣泄在现实生活中长久压抑、不敢表达和发泄的情绪感受。

四、提示指引

梦的第四个作用是对当前处境进行提示，提示我们面临的问题，并指引可以突破的方向。

一位做自由职业的朋友前段时间做了一个梦，这个梦非常短暂，但给出了非常重要的信息。

在梦里，她梦到了一个长满苔藓的鸟笼，而奇怪的是鸟笼里面没有鸟。

醒来之后，隐隐约约有个声音在告诉她——要去寻找某个隐秘而重要的东西。

其实，这个鸟笼就代表着她目前的处境。

我曾跟她说过一句话——"滚石不生苔藓"，而一个物件之所以会长满苔藓，一定是因为太久没有挪动了。

而这个长满苔藓的鸟笼象征着她很长一段时间被困在了某种处境中，生活停滞了。

而鸟，其实象征着内在的热情、生命力。

这个梦其实是在指引她——去找到一个让自己的热情、生命力能够得到释放和生长的地方，也就是一份将热爱、价值感、影响力、财富相结合的事业。

所以，当答案出来的一瞬间，我朋友恍然大悟，终于明白为什么最近那么低能量，做什么都没有热情和动力了。

荣格说过："你可知道，每天晚上做梦无异于有机会领受圣餐。"

我们的潜意识蕴藏着极大的智慧，当我们深入梦境，一步步按图索骥，就有机会获得潜意识给我们的重要指引。

梦是潜意识给我们写的信，每一个未被解读的梦都是一封未被展读的信。

每当我们做了一个梦，就像收到一封来自潜意识亲笔撰写的信，但不是所有人都能领会其传递的重要信息。

如果我们能够记录它、破解它，不亚于获得一次深入潜意识里去发掘内在宝藏的机会，这能促进我们人格的完善和意识层次的提高。

你的房间就是你的潜意识

我们的居所是我们内心世界的真实呈现。

房间是我们身体的栖息地,而身体是我们心灵的容器。

我们未被觉察的潜意识、逃避的内在功课、放不下的执念、匮乏焦虑的心境等等,都会在我们的居所一一呈现出来。

一、你不愿意收拾的遗忘之物藏着你不想面对的功课

在《断舍离》这本书里有这么一个故事。

一位日本的家庭主妇在碗柜里面堆满了各种精致的陶瓷碗,但她从来不把它们拿出来使用,只是任由它们在碗柜里落灰。

后来某一天,她终于鼓起勇气清理碗柜,下定决心扔掉那些根本不会用的陶瓷碗。

她一边擦拭碗柜里的污垢,一边流下了眼泪,说了一句:这些年真的辛苦你了。

这句话不仅是对碗柜说的，也是对她自己说的。

自从结婚以后，婆婆每隔一段时间就会送她各式各样的陶瓷碗，这些陶瓷碗看上去很精美，但背后也藏着婆婆对她的期许：希望她能够多多使用它们，经常做可口的饭菜给丈夫吃。

这位家庭主妇是位性子很柔和的女人，这些年来，一直压抑内心的委屈，每次都勉强自己挤出笑脸收下婆婆送的礼物。

<u>从来不用，但又不愿意处理的遗忘之物，藏着我们潜意识里不想面对的功课。</u>

这位家庭主妇要面对的功课就是尊重并捍卫自己的感受。

堆积的一大堆无用的陶瓷碗，象征着她和婆婆多年的心结。而任由这样的物品霸占碗柜那么多年，是她对自己的不尊重和不善良。

二、你舍不得扔的回忆物有你放不下的执念

这段时间，我在不停地扔东西，很多杂物在思索两三秒后便能迅速下决断扔掉不要。

唯独当我在扔被单、床单的时候，花了很长时间下决心。

这些被单、床单，虽然面料舒适，但并不符合我的审美，无论现在和将来，我都绝对不会使用，但因为它们是前任买

的，所以有些犹豫纠结。

每当我看到这些物品，就会想起和前任那 6 年多共度的时光。

我把它们堆在衣橱里，不去使用，也不去清理，就像那 6 年多的感情一样，仅仅是搁置在那儿，占着地方。

当我拿起它们，把它们放进垃圾袋的时候，不知道为什么，突然流下了眼泪。

也许是那一刻，我终于下定决心，和过去正式告别。

我们如何对待那些回忆物，意味着我们如何对待过去。

我们习惯把带有回忆色彩的物品放在柜子里，不去触碰它，就像把自己困在对过去的执念里，既做不到和过去洒脱告别，也无法敞开心扉迎接新人到来。

人的心灵空间是有限的，如果任由"旧物"层层叠叠堆积在那里，就无法容下新的人和事物进来。

三、过度囤积透露出匮乏不安的内心

当你整理房间时，可能会发现，自己囤积了很多物品，可能是卫生纸、从未翻看的书籍、冰箱里一大堆过期的食品，也可能是衣橱里快塞不下的衣服。

这些超出你日常所需的囤积物，透露了你成长过程中较为匮乏或未被满足的方面。

一个人成长过程中越是缺少什么，长大以后越是报复性补偿自己什么。

我认识一个女生,她特别喜欢买衣服,衣服多到家里的衣柜都快装不下了。

衣服象征着我们渴望对外界展示的自己。

而衣橱里过剩的衣物,意味着我们内心对"被人认可""被人爱"的强烈渴望,以及内在对真实自我的不接纳。因此,我们想要找各式各样的衣物来"美化""装扮"自己。

我曾看过一部日剧《为了N》,女主角小时候因为父亲抛妻弃子而挨过饿、受过穷。长大后,她对食物常常有很深的匮乏感,每次做的饭菜远远超过她一个人的食量。吃不完的,全部装进冰箱,结果往往是吃一小半,扔一大半。

对食物的占有欲,映射了女主对生存的不安全感。由于童年经历的影响,她对食物有着超出常人的"储备意识"。

清理房间的过程,就是一步步清扫内心世界的过程。

所以,通过梳理和物品的关系,决定物品的去留,也是我们在审视和自己内心世界的关系。

在断舍离的过程中,不断审视物品和自己的关系,不断询问自己:

这个东西真的是我想要的吗?真的要留下来吗?

表面上看只是扔东西,但实际上是训练我们决断放手的能力。

在一遍遍和内心确认的过程中,我们不得不去面对那些不愿意放手的过去、再三逃避的功课，审慎决定生命中要留下什么，要扔掉什么。

那些黏黏糊糊不断给你造成内耗的关系，那些阴暗发霉死死拽紧你不放的回忆，那些让你沉溺痛苦的执念和幻想，也在断舍离的过程中，被一一清理了。

我们的内心和人生也因此变得更加清晰明了，我们终于明白，哪些人、哪些事是留在生命中需要被珍惜对待的，而哪些则是让我们身躯日益沉重的负累，需要舍弃。

当房间一点点从拥挤杂乱变得敞亮开阔，我们的内心也会变得愈发松快轻盈。

你一直被卡在同一关

你有没有发现，其实你一直被卡在同一关。

不妨留意一下你如今的生活方式、人际关系、工作情况，也许表面上看不出来什么问题，但如果深挖下去就会发现一个惊人的秘密——它们面临的都是同一个卡点。

例如我有一个卡点就是喜欢单打独斗，不擅长求助和与人合作。

以前上班的时候，需要我一个人完成的工作没有任何问题，但是只要涉及跨部门沟通、协作就会出现各种问题。

有一次，我参加一个财富流游戏，在游戏中，我是第一个有机会跨越平民层进入富人圈的人，但当时因为手头资金不够，我需要游说在场的玩家资助我。

记得当时我整个人后背发汗，不知道怎么向人求助，也不知道如何说服他人，结果显而易见，我在游戏中错过了一个很好的成为富人的机会。

就在那时，我突然意识到，原来我一直被卡在同一关。

我一直以为每天过的都是新鲜的人生，后来发现，我不过是在不同的地方体验相似的困境。

人生中属于你的功课是逃不掉的，你侥幸逃掉的功课、避开的卡点，会反反复复在其他地方一直遇到。

我认识一个朋友，性格比较优柔寡断，没有决断力。

明明意识到每次和母亲待在一起，就会很消耗内在能量，但依然很难拒绝母亲要搬过来和自己住的要求。

而这种优柔寡断、无法捍卫自身边界的卡点，也会显现在工作中。

面对得寸进尺、不做好自身工作的下属，他依旧不敢"唱黑脸"给予警告。

因此，我们遇到的卡点会迁移扩散到人生中的各个领域，和父母相处的卡点，同样也会在其他人际关系中有所显现。例如，和伴侣的关系、和同事的关系、和朋友的关系等。

如果我们不去老老实实修炼自己，直面卡点和功课，搞定它、超越它，那么你会发现不管去到哪里，你都会在相似的困境里反反复复跌倒。

你人生中最大的困境往往是针对你最大的弱点而设计的。

这些坏人、麻烦事儿、挫折打击，都是被你邀请来的，它们来到你生命中只有一个使命——就是帮助你面对自身的卡点、缺陷，并且战胜它。

如果你对这些提示视而不见，自欺欺人，那么生命会显化给你一个更大的挫折、一个更深的黑洞，让你摔得足够惨痛，逼得你不得不睁开眼醒来。

我认识一位社交平台的创始人，他说自己年轻的时候收入颇高，如无意外，再加上自己的勤奋和努力，会赚更多的钱，成为职场精英人士。

直到在30多岁的一年，他遭遇了人生最大的一次重击，与他人合作做生意，结果被骗了几百万元。

也是在这个节点，他的人生发生了转向。

他开始思考人生的意义，转向研究哲学和佛学，并创办了一个社交平台。

后来我们聊天的时候，他坦言，他不感谢苦难，但他感谢那段经历改变了他的人生轨迹。

我对他说：你有没有想过，生命之所以让你在这个深坑里跌倒，就是想让你从中领悟些什么。

也许生命之前以温柔的方式提醒过你，但如果你一次次忽视它，生命就会创造一个更大的困境。只有通过这种猛烈的冲击和深层的痛苦，才能让一个沉睡的人醒来，做出改变。

当你解决掉自身的功课和卡点，那么，同样的人和事便不会再困扰你，你便顺利进入下一关，开启一段崭新的旅程。

如果认识到这一点，你就会意识到，生命对每个人都是非常仁慈的。

很多你以为的挫折、失败、痛苦，在漫长的生命之旅中，并非坏事，相反，它们往往担负着重要的启发、唤醒、催化的使命。

所以重要的不是卡点，重要的是，生命希望通过这个卡点教会你什么，而你通过超越它又获得了什么。

其实你害怕发光

我发现很多人其实害怕发光。

人们不仅害怕发光。

还害怕成功，害怕富有。

害怕被人瞩目，成为焦点。

害怕爱，害怕幸福。

我们的显意识想要很多，但我们的潜意识并不想。

于是，当我们想要变瘦、变美、变有钱、变成功，并为之努力的时候，潜意识却总在暗地里搞破坏。

一位朋友说，不知道为什么，自己在"三人行"的关系中，总是落单的那一个，不管是亲密关系，还是友谊，只要存在竞争，她就会自动放弃。

在她很小的时候，就被母亲视为"竞争者"，竞争爸爸的爱。

在和妈妈的这场竞争中，她输了。

她的妈妈是很耀眼的女人,言语之中总会贬低她,觉得她哪儿都不如自己。

于是潜意识里,她接受了这样的设定——"我是竞争不过别人的""一旦存在竞争关系,我就会自动认输""我争不赢妈妈,同样也争不过其他人"。

长久以来,她习惯待在一个被忽视、不被瞩目的位置,从来没有试过站在 C 位上,也没有试过去争取。

我们习惯重复小时候的困境和痛苦,因为它让我们觉得熟悉而安全。

而要打破困境走出舒适区,在潜意识看来,是一种极为冒险和危险的行为。

如果你想要减肥,但你的潜意识习惯了与肥胖为伍,那么你就很难减肥成功。

如果你想要爱,但你的潜意识接受了"我不值得被爱"的设定,你就无法获得爱。

如果你想要发光,但你的潜意识认为"被忽视"才是安全的,那你就无法引人瞩目。

如果你想要有钱,但你的潜意识习惯了与贫穷为伍,你就无法变得富有。

我们的潜意识就像一个固执倔强的小孩,它习惯按照自己的逻辑思考。

当你想要一件东西,一旦你的潜意识说 NO,你就无法得到它。

这也是为什么你知道很多道理，但依然过不好一生。

因为你潜意识不接受改变。

荣格曾说过一句话：除非你把无意识变得有意识，否则它会操纵你的人生，而你称之为"命运"。

很多时候，你以为你的头脑、你的意识在掌握方向盘，但真正掌舵的却是你的潜意识。

潜意识就像一个开关，你只有从潜意识层面去修正它，你的封印才能被解除，这时候你的天赋、热情、生命力、潜能才能被释放。

我有一位咨客，她表示在婚姻中自己的想法总是被无视，聊到后来才发现，其实不仅在婚姻中，工作中她也被同样的卡点卡住——不敢说出自己的想法，习惯性地顺从他人。

这是因为她的父母一直都很霸道强势，在家里不允许她有不同意见。

潜意识里，她接受了"真实的想法是不被接受的""我不能表达自己的意见""说出自己的想法会带来矛盾冲突"。

所以，我们在现实世界碰的壁、和他人产生的冲突、与自身期望相悖的结果，都来自潜意识的抗拒。

那如何修正我们的潜意识？

第一，找心理咨询师、教练，借助 oh 卡、催眠挖掘深藏的限制性信念。

很多限制性信念藏得很深，如果我们能够从错综复杂的子题中一步步往下挖，找到真正困住我们的母题和卡点，让无意识从冰山下浮现出来，我们就获得了机会去修正它。

第二，通过外部事件去打破它。

如果你害怕表达自己，你就从最简单的场景切入，试着说出自己的想法。比如面对同事不合理的要求，敢于拒绝；与朋友聚餐时，有勇气说出自己喜欢吃什么，或者不喜欢吃什么。

如果你害怕发光，你就从参加活动时坐在最前排、最中间开始，或者穿着更鲜艳、更惹人注目的服饰开始做出改变。

当你从外部最简单的场景开始做出修正，不再顺着以前的惯性行动时，潜意识里旧有的设定和信念也会开始慢慢松动。

请相信自己的身体和直觉

请尽可能地相信你的身体和直觉,尤其是在亲密关系中。

我曾收到一条私信,一个女生说和男朋友相处时,不小心摔了男朋友的手表,男朋友非常生气,让她给他再买一块,或者把自己的手机拿给他摔。

吵架的时候,男朋友会对她说,如果下次再在楼道里大吼,他就会把她当男生吼她,甚至打她。就这样,男生还说如果订婚会尽量克制自己的脾气。

现在,男方家里提出订婚,但是女生跟我说,心里有点害怕他,不知道该怎么办。

我给她的建议是:请相信你的直觉,你的直觉是不会欺骗你的,当提到订婚,如果你的第一反应不是很肯定地说YES,而是有所顾虑、有所迟疑,那么,一定不要勉强自己。

我们的大脑特别擅长欺骗和解释,但是我们的直觉往往比我们更了解自己,能够引领我们做出更正确的选择。

直觉是与生俱来的，就像是动物嗅到危险的气息，第一反应就是肾上腺素升高，准备战斗或逃跑，这就是属于保命的直觉，它往往令我们很快做出反应。而我们的大脑则需要通过收集—分析—处理信息之后才能得出结果。

比如开车的时候急刹车，就是直觉在主导，而非大脑，等大脑反应过来再踩，早就来不及了。

就像上文提到的这个女生一样，其实她的直觉已经通过之前的相处细节来提示她了，这个男生对冲突的处理和对情绪的处理不够成熟，可能有家暴倾向。但是为什么她会纠结，拿不定主意呢？就在于大脑会告诉她：男生家境还不错，双方家长都已经见过面了，如果拒绝的话不知道如何向父母交代。

所以相较于思维，直觉的特点是更快、更可靠。

那么，在亲密关系中，如何去利用我们的直觉呢？

一、判断自己喜不喜欢一个人

相亲或者和异性见面的时候，大脑会通过评估对方的各方面条件来做出"喜欢""不喜欢"以及"合适""不合适"的结论。

但你喜不喜欢一个人，你的身体和直觉告诉你的，才是真相。

比如，你和一个男生约会，对方试探性地触碰你的手，如果你的第一反应是快速抽开，那证明你根本不喜欢这个人。

比如，对方和你坐在咖啡馆面对面聊天，你的身体是靠后的，眼神是躲避的，这个也是不感兴趣、防备的信号。

我表姐曾经和一个男生交往过，男生各方面条件都还不错，但是当男生想要吻她的时候，表姐本能地想要推开他，但她忍住了，可就在男生的嘴碰上她的嘴那一刹那，她立马推开他跑到一边，吐了……

所以，尽可能地去信任你的身体和直觉，它给出的答案才是你的真心，而不要被大脑蛊惑。

二、判断要不要继续这段关系

如何判断目前这段关系对你是滋养的还是损耗的？

方法很简单，就是对着镜子，看看自己的气色、面相、状态是变好了还是变差了。

我有个大学室友，毕业之后我们在不同城市生活，我不用见她男朋友，也不必了解她男朋友的工作、家庭条件、人品，就能够判断出她男朋友应该是个不错的人。

因为她和这个男朋友在一起时，在微博、朋友圈呈现的状态都是小确幸——日落，猫咪，和几个朋友小聚，度假……她在这段关系里面得到了滋养，所以，散发出来的气场也是温柔的、岁月静好的。但是和她前男友在一起时，连身边的人都感觉得到她怨气很重。

你的身体、情绪比你的大脑更诚实和灵敏,要学会经常去关照你的身体和情绪,在做决定前,多问问你的身体,它是什么感受。

三、判断关系中潜藏的危险

家暴、杀妻这些悲惨的事件在发生之前,其实早有迹象。

我还记得几年前泰国坠崖孕妇事件,王暖暖回忆说俞晓东在婚前百般殷勤,婚后跟换了一个人似的。

她其实早就发现了对方很多不同寻常的迹象,例如有一次王暖暖在她的中餐厅里不小心失足滚下楼梯,俞晓东居然只是抬头看一眼,然后继续玩游戏,最后是店员送王暖暖去的医院。

这些迹象都指向一个事实——这个男人在利用她,对她另有所图,并非真心。然而她还是一厢情愿地欺骗自己,最终导致了悲剧的发生。

我相信当事人的直觉肯定反反复复冒出来提醒过她很多次,但是她没有去信任自己的直觉。

尤其是当"害怕""恐惧"这样的感觉冒出来时,请一定不要忽视它,真的会在关键时刻救你一命。

我们的身体蕴藏着极大的智慧,但是当我们开始用大脑思考之后,我们渐渐依赖理性、逻辑来主导我们的生活。而往往，我们大脑里的知识、价值观、道德标准都是别人灌输给我们的，而非我们内心生发的，当我们习惯性地忽视身体和直觉的声音，就会导致做出的决定和我们真正想要的东西相背离。

而后者，才是决定我们幸福的关键。

人与人之间的互动，是潜意识的互动

我们和他人的互动，绝大多数来自无意识的互动。

一个人用什么方式来和我们互动，取决于我们向他释放了什么样的信号。

有的人总会吸引欺负、打压他的人来到身边。

有的人总会吸引弱小者来到身边。

有的人总会吸引能量吸血鬼来到身边。

为什么我们总会吸引同类型的人来到身边？

一、总是吸引依赖者

如果你发现自己身边总是被"拖后腿的同事""不懂分担的伴侣""不靠谱的朋友"所围绕，那很有可能说明，你在人际交往中常常呈现出"过度为他人负责"的倾向。

举个例子，你会发现有一种婚姻很普遍，家里的女主人很能干，控制欲强，大大小小的事情都由她来操持，而家里的男主人则通常没有存在感、不管事、习惯当甩手掌柜。

这种互动关系中，能干、强势的一方其实在无意识地传递一种"我比你更能干""你什么都干不好"的信号。

久而久之，另一方也接受了这种"弱小者设定"，习惯性摆烂、依赖心强、不作为、逃避责任，放弃了依靠自己来解决问题的尝试。

当一个人呈现出"过度为他人负责"的倾向，本质上是内心安全感和价值感的缺失。

他们不希望自己的生活失控，因此需要通过控制他人、干预别人决策、承担他人课题来获得某种掌控感，以及通过他人的依赖来获得一种"我是不可或缺的""果然他们还是得靠我"的价值感。

其实，依赖者同样也在提供价值，就是满足过度负责者内心深处的潜在需要，那就是——掌控感、价值感。

如果你发现自己总是吸引依赖者的到来，他们的到来就是在提醒你，你无意识向他人释放了一种不健康的信号，那就是——你不行、你做不好、你没有力量。

如果你希望摆脱这种现状，不再吸引和"制造"依赖者，那么你要学会的就是放手，允许失控，学会课题分离，尝试去信任他人，相信每个人都有能力解决自身的课题。

二、总是吸引坏人

如果你总是吸引各种"坏人"来到身边,例如处处给你穿小鞋的领导、抢你功劳的同事,那你就需要注意了,这不是单纯的运气不好,这些人的到来是在提醒你——你在向他人释放"我是弱小的""我是可以被欺负的""我没有任何反击之力"的信号。

前几天,我和一个朋友聊天,对方跟我吐槽工作中的倒霉事,这几年她总会在工作中遇到各种各样的坏人,爱甩锅的同事、得寸进尺的下属、屡屡骚扰她的已婚领导和已婚同事。

我不是在宣扬受害者有罪论,但在她的叙述中,自己始终都是一个可怜无辜、毫无反击之力的受害者。

她回避了自己的问题和责任,例如性格上的软弱、不懂得保护自己、不敢得罪人。

她没有意识到,这种困境是她无意识造成的。

人是弱肉强食、欺软怕硬的,都晓得要拣软柿子捏。

当你把自己放进一个"弱小""可怜无辜""受害者"的角色中,你就会吸引很多坏人的到来,激发别人内心的"恶"。

因为欺负你、伤害你不需要付出代价。

作为受害者看似是不幸的,但实则也有好处,可以站在道德高地获得别人的同情，心安理得地待在不幸的处境中自怨自艾，不必为自己的人生负责，不必直面性格的缺陷、内心的恐惧，也不必做出任何改变。

然而，受害者的问题在于，他们是虚弱没有力量的，对于自己的命运没有任何掌控力。

如果你发现自己有意无意吸引坏人的到来，那么你需要做的第一步就是——停止受害者的叙事，承认自己需要为当下的处境负责，承认是自己没有保护好自己。

当你敢于承认自己应承担责任的那一刻，也就拿回了属于自己的力量，既然之前的处境是你没有保护好自己造成的，那么现在，你同样也可以学着如何一步步捍卫自己。

三、总是吸引 PUA 你的人

如果你身边总是存在喜欢打压或贬低你的人，这些人的到来同样在提醒你，你释放了一些不健康的信号，那就是——我不行、我不配、我不够好。

而 PUA 能够起效的关键在于，操纵者对你的评价，恰好贴合了你对自己的看法。

这种打压、挑剔，也许就像你小时候父母对你的态度，这种感觉是你从小到大所熟悉的。

你越是努力想要证明自己，从他们那里获得认可，越是容易落入 PUA 的陷阱。

反而是发自内心欣赏、鼓励你的人，你觉得与对方相处很难受、不适应，因为这种被认可的感觉实在是太陌生了，父母从来没有给过你，而你也从未给过自己。

所以你会无意识地拒绝、逃离那些欣赏你、认可你的人，转而迎合那些俯视你、瞧不起你、贬低打压你的人。

如果你想要停止这种被 PUA 的模式，那么你需要做的就是认可自己，不吝啬地赞美自己，把脑海中对自己身材、能力、年龄的负面评判全部删除。

当你给自己的肯定和认可足够了，你便不会再过度追求他人的肯定和认可，当 PUA 你的人发现这一套行不通以后，也会改变自己的策略，和你建立新的互动。

四、总是吸引能量吸血鬼

如果你身边总是会出现能量吸血鬼型的朋友，那么这些人的出现也在提醒你，你呈现出过度共情、想要拯救他人、不懂得设立边界的倾向。

能量吸血鬼会在人群中找寻可以供自己源源不断"吸血"的"加血包"，那种自身能量状态不错、很温暖、共情力强、愿意倾听、善解人意的人，是非常完美的"加血包"。

比如，我会发现，自己很容易过度共情他人，有一次我和一个失恋的朋友待了很久，分别的时候，对方得到了很好的释放和疗愈。

而这导致的后果就是，我在接下来的一个星期里都陷入对方身上那种悲伤、绝望、煎熬、爱而不得的情绪，以及对人性、爱情、婚姻的悲观态度。

如果你常常无意识地成为别人的"加血包"，那你要注意了，这说明你内在有着某种隐形需要——"被人需要"的需要。

通过倾听、共情、疗愈对方来证明自己的价值，却忘记了对自己的关爱和保护。

而要停止这种互动，首先你要对自身和他人的能量水平保持觉察，学会设立边界和警戒线，清楚自己什么时候可以去疗愈支持他人，什么时候需要先守好自己。

人与人之间无意识的互动，就像跳探戈，你给出什么信号，别人就会按照这个信号的指示来回应你。

而要终止不健康互动的关键在于，检视并修正自己释放给外界的信号。

那你常常会吸引什么样的人到来？你觉得你在释放哪些不健康的信号？

所有关系的原点都是你自己

如果你在烦恼你的人际关系，不管是跟父母、朋友、老板、同事、客户、伴侣，还是跟孩子的相处都不是那么愉悦舒适，那么，下面这个方法可以帮助你改善和他人的关系，将你身边那些损耗你的关系转化成滋养你的关系。

——不要试图去改变他人，先去改变自己。

人跟人之间的交往就是不同能量场的互动，别人如何对待你，取决于你如何看待和对待他们。

所有关系的原点都是你自己。

当你自身的意识层级、信念、能量状态发生了改变，对方也会因为你的改变而改变。

一、合作关系

你的合作对象配不配合，合作顺不顺利，取决于你如何看待此次合作，以及你和合作对象的关系。

我以前是一个很难跟人合作的人，不管是找我约稿，还是约我出书，或者给我投放广告，我都会和对方产生大大小小的矛盾冲突。

这种情况出现多了以后，我开始反思，到底是哪里出了问题。

后来我发现，其实不是对方的问题，而是我的内在出了问题。

因为在潜意识里，我对这些合作伙伴带着抵触、抗拒甚至敌意，我不认为他们是来帮助和支持我的，相反，我认为这些人是来剥夺我创作自由的。

而这种敌意是遮掩不了的，它会通过你的陈述、标点符号、语气词泄露出来。

当对方感受到了你身上的"刺"，也会无意识地反击，回敬给你同样的"刺"。

意识到这个问题之后，我努力调整了内在信念，告诉自己：这些人不是站在我对立面的敌人，他们是和我站在一起的伙伴，目的是支持我，为了让事情更顺利地进行下去。

当我调整了内在的信念之后，神奇的事发生了，和对方的沟通、互动也变得更加顺畅和谐了。

所以，合作中产生的矛盾、事情进展的不顺利，往往是你内在冲突的外在呈现。

那些你觉得难搞的客户、合作伙伴，也许他们并不是真的难搞，而是因为你一开始在潜意识里对他们有了敌意和不信任，将他们放在了你的对立面，才会导致合作不顺，困难重重。

因此，想要建立良好的合作关系，最快速有效的方法就是先调整你对此次合作及合作对象的信念，相信这个合作是双赢的，有利于双方达成各自的目标，同时相信对方不是来阻碍你的拦路虎，而是来支持你的伙伴。

二、伴侣关系

有这样一个奇怪的现象，当你越是看不惯另一半，越是想要改变对方的时候，对方越是摆烂，越是跟你对着干。

这是因为当你对一个人挑剔、评判、不满意的时候，对方能够感知到自己是不被接纳的，这时候，对方也会无意识地防御和对抗，不愿意"顺从"你的意志。

人跟人之间的互动都是镜像互动。你朝镜子挥拳头，镜子里面的人也会朝你挥拳头。你带着爱去拥抱，镜子里的人也会回馈你同样的爱。

人无法被改变，只能被影响。

所以，亲密关系中，改变的原点也在你自己。

如果你想拥有一个体贴、会疼人、事事支持你、耐心倾听你的伴侣，首先你要用同样的标准来要求自己。

当你做好了自己的那部分，给予对方足够的尊重、接纳和爱，对方也会渐渐融化，将心门打开，为成为一个更好的伴侣而努力。

三、朋友关系

我拥有很多非常滋养我的朋友。

他们要么跟我有情感上的共鸣，要么和我精神同频，要么给我合理或正向的反馈，让我看见另一个侧面的自己。

因为我相信世界对我是友善的，我遇到的大多数人都是善良的，所以，我选择率先交付真心以及信任和理解。

还记得《天下无贼》里的傻根儿吗？傻根儿相信"天下无贼"，而这种赤子之心也勾起了女贼心中那一份纯善，最终，傻根儿的信任和善意没有被辜负。

如果你相信人性本恶，朋友的两肋插刀总有一天会变成插你两刀，于是你对人充满防御，随时做好了战斗准备。那么，你就会经常遇到一些背叛、伤害、猜忌、陷害你的人。

如果你交朋友看重的是对方的"价值"，对方能够带给你资源、人脉和实质性的好处，你就会发现，身边的朋友同样也在利用你，计较对你的投入产出比。

你身边的朋友能从不同侧面映射出你是一个什么样的人。

每个人都是复杂的多面体，他可能兼具阳光与黑暗，善良与邪恶，而他在你面前呈现哪一个侧面，取决于你用哪一面对他。

因此想拥有滋养自己的好友，最好的办法就是先拔掉自己身上的刺，率先交付自己的真心，信任并接纳对方，并慷慨给予对方支持和帮助。

四、父母关系

改善和父母的关系，最好的方法不是指责他们，而是改变你自己。

有个修行的朋友跟我说，当他愿意打开心房，和母亲建立联结，看见母亲错误的养育方式背后藏着无条件的爱，坦然地跟母亲分享内心的感受和创伤时，母亲不知不觉中也发生了变化，开始用他渴望的方式来表达自己的爱。

有一次出门前，母亲甚至主动拥抱了他。

所以，如果我们想要改善和父母的关系，改变的原点依然是自己，这取决于我们是否愿意成为那个迈出第一步、主动给予爱和理解的人。

我们是否愿意率先对父母敞开心房，理解他们的局限，看见他们内在也有一个缺乏爱、内心充满巨大空洞的小孩？

当你愿意理解父母、接纳父母的不完美，原谅他们无意识对自己造成的伤害，当你不再试图控诉和对抗他们，而是选择用爱和理解去拥抱他们，父母也会随之发生变化。

任何关系的原点都是你自己。

你想要爱，就先付出爱。

你想要信任，就先交付信任。

你想被看见，就先去看见和欣赏他人。

你想收获善意，就先释放出善意。

只有你先报之以歌，世界才会以爱来吻你。

所有的关系都是镜子

所有的关系都是镜子。

你每一天遇到的人,和他们产生的互动,由此生成的情绪都是你的一面镜子。

你对每个人的看法,都显现着你内心最隐秘的潜意识和信念。

因此,每一次与他人进行互动,都给我们提供了一个机会去觉察照见自己。

一、你批判嫉妒的女人身上,藏着你还未迎回的能量

有的女性会批判那些打扮得性感迷人的女人,觉得她们不正经、不检点,说明这些女性内在其实也渴望变得性感迷人,但因为从小受家庭教育、社会观念等方面的影响,这些女性的能量被长久地压抑在她们体内,无法得到释放。

所以,你嫉妒的女人其实是你的一面镜子。

嫉妒本身就是在提醒你,你这部分的能量被压抑和卡住

了，你需要做一些改变去迎回它。

当你迎回了这部分能量，遇到同样性感迷人的女人，便不会再嫉妒了。

二、让你上头的人身上，藏着你所匮乏的特质

那些让你上头、吸引你的人身上往往带有你所匮乏的特质。

如果你的内在很虚弱，那你就会容易被内在很强大的人吸引。

如果你在物质上感到不满足，就会容易被家庭条件好、会赚钱的人打动。

如果你缺失目标和人生方向，就容易被在某一领域有所成就的人吸引。

那些让你上头、对你产生强烈吸引力的异性，同样是你的一面镜子。

上头本身在提醒你，你内在有些匮乏、不足、缺失需要自我填补。

比如，有的"乖乖女"很容易对"坏男孩"上头，这是因为"坏男孩"身上带着的叛逆、乖张、破坏的属性，是"乖乖女"成长经历中一直渴望却不曾真正拥有的。

当我们内在某部分不足的时候，就会无意识地向外抓取，尤其是当拥有这部分资源、特质的异性出现在我们面前，就会觉得他格外有魅力。

当你努力做出改变，去补足内在的匮乏与缺失时，慢慢地，你便不会再对同样类型的人轻易上头。

三、激怒你的人，提醒你内在虚弱的部分

如果你的工作生活中，偶尔会出现激怒你的人。

别忙着愤怒、指责和反击。

不妨问问自己，对方说了什么话、做了什么事会激怒你。

别人之所以能够激怒你，是因为他们挑战了你关于自我价值的信念。

你对自己哪方面不够自信、比较怀疑，别人就越容易在这方面激怒你。

因为你会无意识地将别人的言语、反馈，视为对自己尊严、价值的挑战和侵犯。

如果你对自己的长相不够自信满意，这时候别人给你一些化妆打扮上的建议，你可能就会被激怒。

你会下意识地认为对方在打压、贬低、故意伤害你，指出你不够好看的事实。

如果你充分接纳了自己的长相，同样的话语便不会刺激你，让你大动肝火。

如果你对自己的专业不够自信，当别人在公开场合挑战你，向你提问，你也同样容易被激怒。

你内在不容一丝外部的质疑，恰恰说明你在自己的专业

领域里还不够自信，通过表现得"强势"、不留余地和愤怒来遮掩内在的不安。

而真正专业的人，是禁得起质疑和挑战的，因为他内在有货，心里不慌。

所以，那些激怒你的人同样也是你的一面镜子，他们帮你照见自己防御最强、虚弱、不自信的内在部分。

四、你挑剔批判的人身上，有你不自我接纳的部分

如果你很容易对拥有某一种特质的人进行挑剔批判，很有可能说明，这种特质是你最需要自我接纳的地方。

当你看不惯一个人"习惯性躺平""没什么上进心"，也许是因为你习惯在工作中经常加班，自我鞭策，不遗余力燃烧自己。

你的身体需要放松休息，但是由于内在抱持的价值观，你不允许自己获得足够的休闲和放松，因为你觉得躺平、休闲是"罪恶""可耻"的，你认为一个人如果不努力工作，便失去了自己的价值，不值得获得别人的尊重和认可。

他们的存在是一面镜子，帮你照见内在需要自我接纳的那一部分，那就是允许自己适当休闲、适当摆烂、适当放空，当一个什么都不做的"小废物"。

所以，世界上没有糟糕的关系，好的关系会滋养你，坏的关系会照见你，让你得以从不同的角度看见自己、发现自己。

外在的一切都是你内心世界的投影

外在的一切都是你内心世界的投影。

你相信什么,什么就会被你吸引。

如果你相信,你最终会遇到灵魂伴侣,那么他迟早会来到你身边。

如果你相信自己没有价值,那么你就会吸引贬低、打压你的人来到你面前。

所谓念念不忘,必有回响。

你越抗拒什么,什么就会频繁出现在你的生命中。

每一次当你说"我不想""我不要"的时候,其实都是在告诉宇宙,快把这东西送过来。

你关注什么,什么就会被传送到你面前。

你无意识喂养恐惧、焦虑,恐惧、焦虑就会出现在你身边。

你专心喂养渴望、目标,你的渴望和目标就会一一呈现。

外在的一切只是一个舞台,而舞台效果的最终呈现取决于你内在的剧情和脚本。

如果你拥有受害者思维，觉得自己可怜、无辜又无力，就会发现身边总会出现一些伤害你、背叛你的坏蛋、恶人。

他们出现在你身边不是偶然的，而是带着使命来的，为了帮助你看清内在不健康的脚本和模式。

如果你是个老好人，习惯性讨好别人，也许就会反复遇到践踏你边界、得寸进尺的人。

他们是你邀请的配角和伴舞，和你一同出演讨好型人格的剧本，让你一次次看清不尊重自己需求、不敢拒绝、无法捍卫边界、不会合理表达愤怒的结果。

所有的关系和境遇都是镜子，都是为了帮你照见自己、觉察自己的。

我曾听过一个故事。

苏轼与佛印是关系十分要好的朋友。

有一天，苏轼与佛印在禅房静静品茶，谈论佛法，聊到高兴之处时，苏轼突然问佛印："你看我现在像什么？"

佛印说道："我看你像一尊佛！"

苏轼哈哈大笑，对佛印说："我看你像一坨牛粪。"

佛印也哈哈大笑，并没有回应他的话。

苏轼十分高兴地回到了家，把这件事告诉了他的妹妹，并沾沾自喜地认为自己在禅机对法中，胜了佛印一筹。

没想到妹妹却对苏轼说："傻哥哥，你输了！佛教最讲究心境，境随心变，相由心生。佛印禅师说你像一尊佛，是因为禅师心中有佛；而你说禅师像牛粪，是因为你心中只有牛粪啊！"

所见即所是。

你看到的一切，都是内心投影的画面。

我曾经在一个活动中对一位退休的上海阿姨说，我觉得你看起来有佛相啊。

那位阿姨回了我一句：是因为你心中有佛。

你觉得别人挑剔评判你，那是因为你不接纳你自己。

你觉得别人嘲笑看轻你，那是因为你不尊重你自己。

如果你总是遭遇痛苦的关系，那么去问问你的内在书写了怎样的剧情。

如果你每次总是在关键时刻掉链子，也要去问问你的内在抱持着什么样的限制性信念，藏着怎样的潜意识。

大多数人都活在自己打造的囚笼里，充满痛苦、恐惧、悲伤和煎熬，我们常常责怪为什么这些事会发生在自己身上，却意识不到，一切都是我们召唤过来的。是我们亲自导演了这一幕，我们是自身痛苦的缔造者。

我们的信念、思维模式决定了自己的言行，而言行决定了结果，最终的结果又再一次强化了我们的信念和模式。

这就是心理学上的自证预言。

所以，你是自己所有正面与负面经验的源头，如果你身处痛苦，就要承认你应该为自己的痛苦负责，创造这份痛苦的，不是别人，正是你自己。

一旦意识到这一点，改变的机会便随之而来，因为改变的按钮不在别人那里，而在你自己这里。

如果是你自导自演了这样一出烂戏，那么你同样也能够重新创造一出好戏。

当你内在变了，外在一切也会随之改变，这便是境随心转。

我最近有个很深的体会，之前有人给我留言，说我的龅牙看着很出戏，以前看到这样的评论我会感到受伤、愤怒，随即用带攻击性的语言回复对方，从而招来对方更猛烈的攻击。

后来我发现，别人的留言之所以让我愤怒，是因为我不接纳自己。

但当我完成了自我接纳之后，看到这样的留言，我的内心没有任何波动，只是平静而不带攻击地回复对方：有龅牙也挺好的，至少让你记住了我。

神奇的事发生了，对方特意私信我，跟我道歉。

当我们完成了自我接纳之后，别人也接纳了我们。

当你身处逆境，遭受打击、挫折，感到迷茫、沮丧的时候，只要向内看，都可以找到答案，只要向内求，都可以获救。

《秘密》一书中有这样一段话：

你生命中所发生的一切，都是你吸引来的。它们是被你心中所保持的心像吸引而来，它们就是你所想的。不论你心中想什么，你都会把它们吸引过来。

你就是一个信号发射塔，而宇宙会如实地源源不断回应你的所思所想，所言所行。

不管你相不相信，是我们创造了独属于自己的现实情境。

我们是自己人生这出戏的总导演和总编剧，我们可以导出一场悲剧，但只要我们愿意，我们同样也可以导出一场爽剧。

如果你相信自己想要的都能拥有，那么，宇宙便会慷慨回应你所有。

除非你自己不同意，不然没有什么能阻碍幸福、成功、富足、美满流向你。

只有死亡才能让你觉醒

只有死亡才能让你觉醒。

在漫长的几十年人生中,一部分人处在一种无意识的模式里,他们不知道自己人生的价值和意义是什么。

工作、消费、买房、结婚、育儿……人生就像一台机器,被一个个进度表催促着。

他们不知道手头上的事有什么价值,人生有什么意义,自己想要的到底是什么。

习惯把自己的感知力关掉,拿着皮鞭鞭答自己,企图成为一台最高效、最精密的机器。

用繁忙、游戏、电视剧回避一些真正重要的东西。

看着那些自在起舞、忘情旋转的人,他们一边心生向往,一边又告诫自己,这样的选择实在是太过冒险激进。而自己目前的选择是最为稳妥的。

如果你总是活得身不由己,觉得人生实在枯燥乏味,没有什么意思。

如果你还没找到自己的天命，不知道自己这一生到底为什么而活。

如果你发现自己变得麻木迟钝，失去了和内在的联系。

那么，只有死亡才能让你觉醒。

接下来，请跟随我的文字，体验一趟死亡之旅。

记住，阅读完这段文字之后，你不再是以前那个自己。

你会意识到你真正想要的是什么，以及这一生将如何度过。

想象此刻你躺在一张病床上，四周白茫茫一片，白色的床单，白色的墙壁，这是重症室的病房，房间里异常安静，只有心电监护仪在滴滴滴地数着拍子，仿佛死神的倒计时。

你手上插着输液管，皮肤皱巴巴的，仿佛一张被泡烂的牛皮纸，上面布满了褐色的斑点。

你很虚弱，脸上戴着氧气罩，仅仅呼吸就要用尽全身气力。

你的眼神开始涣散，嘴唇干涸如久旱龟裂的土地。

你意识到身体各个部位已经老化，它们陪伴了你 80 年，今天终于可以退役。

你的床边，守着你的亲人、朋友，他们关切地看着你。

死亡盘旋在你头顶，如同秃鹰，瞅准时机将你猎取。

你的脑海里开始像放电影一样快速闪现过去的画面。

那些悲伤的、美好的、痛苦的、幸福的瞬间如幻灯片一般放映。

你清醒地意识到，下一刻你即将离开人世。

此刻，你是什么心情？

你是微笑着闭上眼睛，了无遗憾，觉得这一生如此充实又知足。

还是留下悔恨的眼泪，心里大叫着：太憋屈了，我还有好多想做的事情没有去做，想爱的人没有尽兴爱，人生空空如也，什么都没有留下，什么都没有体验过，我不想就这么死了。

你在不甘什么？又在遗憾什么？

你还放不下谁？又对谁满是歉疚？

而一切已然来不及。

你缓缓闭上眼睛，世界在你眼前一点点熄灭，你的身体变得轻盈，你的灵魂抽离你的肉身，你能听到亲人的哭泣。

你飘在半空中，看着病床上那个白发苍苍的老人，陌生又熟悉。

这里是生命的尽头。

你不知道自己还能为他做些什么。

直到你的灵魂也渐渐消失。

当你醒来，发现所有的一切不过是一场幻梦。

你看着镜子里的自己，依然年轻，你的身体还很健康，

"零件"也没老化，你的时间还有很多，人生还没来得及在你面前全部展开，生命中依旧有很多未知地带等待你探索。

此刻，你的内心有一些东西变得不一样了。

你想做什么？

你想去见谁？

你会如何让自己不留遗憾？

对于你将如何度过这一生，此刻，你的心里有答案了。

现在请你睁开眼睛，把心里的答案写下来。

80岁听起来好像还很远，可是如果不是逼近死亡，向死而生，你又怎么可能看清，对于你来说真正重要的到底是什么。

我曾听过一个故事，一个贫穷的年轻人去看病，被告知自己只剩下9个月的寿命。

听到这个噩耗后，年轻人说了一句话：太好了！接下来我终于可以不用为存款和工作焦虑，真正为自己而活了！

所以，如果你有想做的事情，不要推迟、不要找借口，现在就去做。

如果你有喜欢的人，不要拧巴扭捏，口是心非，现在就去靠近。

人生有且仅有一次，幸好我们还年轻，幸好一切都还来得及。

不要把梦想、爱人全部推向等待之地。

不要想着有钱以后再去做。

不要总是觉得有空了再说。

不要认为来日方长。

我们能够抓住的只有当下。

现在，是时候改变了。

那些你为自己戴上的枷锁和镣铐，只有你能解开，也只有你可以放下。

只要你愿意，没有什么能够真正困住你。

只要你愿意，现在就可以起舞为自己而活。

你必须时时刻刻拷问自己：

我今天会做什么？如果明天就是世界末日。

我接下来打算怎么度过？如果我得了癌症，只剩下一年寿命。

只有死亡才能让你看清，筛去对你而言根本不重要的东西。

也只有死亡才能让你觉醒，让你意识到，改变迫在眉睫。

第二章

恋爱修行

　　亲密关系是最高清的镜子，一切内在的恐惧、创伤，都会被另一半如实照见。

姑娘，请戒掉托付心态

在结束了上一段恋爱之后，想做一个复盘。

我觉得在上一段感情中，自己做得最不好的一点就是一直抱着托付心态跟对方交往。

可能这个坑很多人无意识中都踩过，所以想跟大家分享一下我的感悟。

托付心态就是认为对方有义务为我的情绪、需求、期待、幸福和人生负责。

当我不开心时，认为对方应该马上过来哄我。

当我有需求而对方没有及时满足时，我就会生闷气。

当我对对方有期待而对方并没有按照期待中那样行事时，我就会默默在心里给对方扣分。

潜意识里觉得男朋友就应该像哆啦Ａ梦一样，满足我的各种愿望和期待。

仿佛一个巨婴，什么都不做，只是张着嘴，等待着对方投喂各种情绪价值、安全感、期待、愿望。

比如，以前我一直很想去某个地方旅行，在对方面前叫嚣了很多次，你什么时候带我去旅行啊？

对方呢，因为工作很忙，每次都说：等有时间了咱们就去。

而"等有时间了"往往意味着不是现在，不是一两周后，而是遥遥无期的未来。

于是在等待的过程中，我开始变得失望、有怨气。

那个时候的我，总是希望对方给予我充分的满足感。

我想去某个地方旅行，但是对方没有时间带我去，于是我就一直不去。

我想拍美美的照片，但是对方摄影技术实在是不可言说，于是我很多年都用着同一张头像。

我想去江边吹吹风散散步，但是对方觉得天气太热不想出门，于是我就只能在楼下小区逛逛。

久而久之，我开始责怪对方：都是因为你，所以我想去的地方一次也没去，我想做的事一件也没做……

潜意识里，仿佛把对方当成了阻碍我追求幸福生活的拦路虎。

分手之后，我特别开心，觉得终于自由了，觉得我真正的人生就要开启了。

我去报了探戈班，打算加强和身体的联结，释放潜藏的身体能量。

我每周都会参加社交活动,听听别人的故事,和聊得来的人成为朋友。

我报名去郊区欣赏萤火虫的活动,圆了我多年以来看萤火虫的愿望。

我打算去专业的摄影馆拍照,算是送给 30 岁自己的一份礼物。

分手以来,我真的很开心,我能量状态都很好。

我突然意识到,原来我是可以自己满足自己的!原来我想做什么、想去的地方、想学的东西,不用等到对方有时间、有心情了才去做,我自己现在立马就可以满足自己!

可是,为什么我恋爱的时候不去做呢?

明明我那个时候也可以满足自己的啊?为什么我要推迟到分手之后才去开启我真正的人生呢?

后来我终于发现,就是因为在交往中,我一直抱着托付心态,我总是不自觉地把自己的快乐、期待、幸福、愿望托付给对方。

信奉着一种巨婴逻辑——因为他是我男朋友,所以他就应该来满足我。

而托付心态本质上也是一种弱者心态,我们在假定——我们无法为自己的人生负责,也无法主动满足自己的需求、期待和渴望。

我们唯一的策略只有等待——等到对方有假期了、有心情了、有钱了，我们才能去实现自己的愿望。

就这样，我们把想做的事无限期推迟，把满足自身愿望的权力交付到了别人手上，而要不要满足、什么时候满足全权取决于对方。

当对方满足我们的时候，我们觉得理所当然，当对方没有满足我们时，我们就心生怨念。

而这个过程中，对方也渐渐成了一个工具人的角色，他只是一个实现我们理想人生的垫脚石，而不是一个有自己感受和需求的独立个体。

当我意识到问题所在之后，一方面对对方深感抱歉，一方面对自己也深感抱歉。

因为我明明可以几年前就去满足自己的期待和愿望，但是我偏偏不，偏偏要把对方当作不去开启我真正人生的借口。

从意识到这个问题开始，我不打算再把自己的快乐、幸福、期待、渴望托付给任何人，也不再把任何人当作不去开启我真正人生的借口，那不仅对对方不公平，对自己也同样不善良。

曾在网上看到过一段话：

你对"爱"本身以外附加的期许越多，你离"爱"本身就越远，当你对附加在"爱"之外的期许得不到满足时，悲剧就此开始。

所以我觉得在爱情中，我们需要学会很重要的一课就是——自我满足。

你渴望伴侣给你什么,你就要给自己什么。

当交往中我们担负起爱自己、照顾自己、接纳自己、欣赏自己的责任时,才不会在交往中制造紧张、失望、痛苦和执念。

自我满足是和自己终身浪漫的开始,也是任何一段良好健康关系的前奏。

如果说上段恋爱教会了我什么,那就是——无条件地爱自己、满足自己,以及不抱期望地爱对方。

你不是恋爱脑,你只是在逃避母题

其实大多数人都不是恋爱脑。

只是在借恋爱这件事来逃避人生母题。

大多数为情所困、深陷情执的人,都是在把恋爱视作挡箭牌。

逃避的无非四件事。

一、借恋爱来逃避人生意义的缺失

日常生活中,你找不到能够点燃你热情,带给你愉悦感、成就感的事。

所以,你把目光放在了恋爱上。

在恋爱中,你能够享受由心跳、欲望、征服、追逐带来的刺激感和兴奋感。

它让你摆脱了无聊平庸的日常。

本质上,它和打游戏、刷短视频一样,是一种"杀时间"

的产物，一种解决虚无感的替代方案。

它成功占有你每一个寂寞空虚的夜晚，让你不再孤身一人胡思乱想。

你可以观察一下，一个恋爱上瘾的人，一般没有明确的人生方向和目标。

比起为人生意义而困扰，他们宁愿花大量时间为爱情苦恼。

二、借恋爱来逃避和自己独处

很多人进入一段关系的理由，不是因为喜欢，而是因为寂寞。

因为无法和自己相处。

大多数有"恋爱脑"的人，通常无法自在地享受独处时光。

所以，才需要向外抓取关注、陪伴、情绪价值、爱来填补内在的匮乏。

你宁愿深陷在一段不满、让你内耗的关系中，也舍不得放手。

不是因为你有多么爱对方，而是因为比起"恋爱之苦"，你更害怕"独处之苦"。

对你而言，独处的痛苦像蚂蚁钻心般难以忍受，于是你拼命逃避自我。

但你因为寂寞而进入的关系，往往是有毒的，它指向的是匮乏索取，而非本自具足。

三、借恋爱来逃避自立

急于进入一段关系的人，往往在逃避自立这件事，要么是经济不独立，要么是精神不独立。

经济不独立，就会想要找人托付，找个人分担房租、减轻生活压力、驱散对未来生活的焦虑。

精神不独立，就想找人陪伴，想要身边有个人嘘寒问暖、知冷知热，提供情绪价值。

你像个藤蔓一样，缠绕着对方，把安全感的建立、改善生活的期望和爱自己的责任转嫁到别人身上。

你不够相信自己，所以你无法一个人前行。

你的每一段旅程，都带着别人的身影，不是这个人，就是那个人。

你就是不敢一个人上路。

就像寄居蟹，没有了壳，失去了关系的庇佑，你就什么都做不了。

而真正的安全感，不是来自稳定忠诚的关系，而是来自能够把自己从任何处境中随时打捞起来的自信。

四、借恋爱逃避价值感的缺失

你缺乏稳定的价值感。

你试图通过一段关系来获得认可，证明存在感，满足自恋心理。

渺小平凡的我，在恋爱中会获得一种价值感——我是世上重要且独一无二的存在。

你没有在内心世界中建立起自信、自洽的大厦，于是试图通过一段关系去找寻自我。

这时候，另一半的反馈就变得尤为重要。

对方不及时回应你，你就开始自我怀疑，觉得自己没有价值，不够有魅力。

而对方积极回应，你就觉得自己真实存在着，被重视了。

你在关系里面过度索取，需要对方时时刻刻证明你的重要性。

而你对关系的执着，来自自恋被破坏的不甘，来自"他怎么可以不够喜欢我"。

若你投入更多的时间、精力在学业、爱好、事业上，获得成就感，给予自己更多认可。那么，对方认不认可也没那么重要了，因为你知道自己是谁，你清楚自己的价值为何。

所以，勇敢直面惨淡的人生吧，不要自我欺骗，不要借恋爱来逃避人生功课。

当你学会直面人生难题，那么恋爱对于你来说不过是锦上添花，而不是不可或缺。

你的恋人，是灵魂替你选择的

你是否有这样的感受：

有的人会对我们产生一种莫名其妙的吸引力，即便理智上知道对方不适合我们，如果和对方在一起我们会痛苦，但不知道为什么冥冥之中还是有一股力量推动我们去靠近对方。

就像你走在路上，看到前面有一个坑，你知道摔下去肯定会很疼，会掉眼泪，周围的朋友都劝你绕道而行，你偏偏不听劝，非要亲自踩下去试试。

你肯定无数次问过自己：

谈场甜甜的恋爱不好吗？为什么一定要自讨苦吃？

因为你的恋人，是你的灵魂替你选择的，他们是让你的生命变得圆融的必经之路，是你通向高维之爱的摆渡人。

早在你的意识觉察到之前，你的灵魂早已替你做出了选择，它知道在与这个人的旅程中，藏着你需要去完成的功课，以及将要拿到的礼物。

要知道，你的灵魂不会将"修成正果""结婚生子"当作旅程的目的，你的灵魂来到这个世界的使命就是去体验、去完善自我的。

所以，你选择与之发生纠缠的恋人，其实是你人生成长的一次重要邀约，这一切只有一个目的——就是提升灵魂的圆满度和完整度。

你会选择一个像你父亲或母亲的人，是因为你在借这个人，借这段关系，去弥补童年时未被满足的遗憾。

例如，有的女生从小缺乏父爱，那长大以后，就会很容易被年长成熟的男人吸引，通过和对方谈恋爱，获得足够的宠溺和疼爱，来弥补小时候不被父亲关注的遗憾。

当内在那个缺爱的小女孩获得了足够多的疼爱，内心的空洞就会渐渐被填满。

这时候你会发现，你在这段关系中的需求开始发生变化，从一开始要爱、要关注、要陪伴，变成要独立、要成长、要自由。

于是你发现，在这段关系中庇佑你的"大树"，变成了阻碍你向上生长的玻璃罩。

关系宣告结束。

这不是坏事，这意味着在这段旅程中你顺利完成了课业，拿到了这段关系中藏着的礼物，是时候开启下一段旅程，获得新的成长和蜕变了。

或者，你选择了一个不那么爱你的人，在这段关系中患得患失、不断受虐，也是因为，你要借这段关系来照见内在的不安、不配得感，认清不够爱自己这个事实。

在和对方的纠缠拉扯中，你潜意识里的创伤、匮乏会统统冒出来，这时候，你就获得了机会去触碰内在的阴暗面，想起那些被遗忘和掩埋的记忆。

这个过程并不舒服，它会引起你情绪强烈的波动，但也正是这份痛苦，逼迫你去面对和解决内在的课题，直到你找到答案，并且超越它。

当那一刻来临，你内心便有了决断。

你懂得了关照自己，认可自己，不再四处讨爱，于是，你的灵魂从残缺破损开始一步步迈向圆融。

可能有的人会问，我既然知道前面是坑，知道这个人会伤害我，我绕过去不行吗？

也许你看过很多书，学过很多课程，知道很多关于亲密关系的真相和道理，但那仅仅是存在于你脑海中的知道，和真正体验经历过而生发的深刻感悟存在天壤之别。

所以有的坑，是绕不过去的。

即便你绕过了这个，下一次还会遇到相似的坑，还会被相似的人吸引。

我认识一个姐姐，她谈了几次恋爱，每次身边的长辈提醒她前面有坑，她依然会义无反顾地栽进去。

因为只有亲自体验过，她才能够收获属于她的成长和智慧，如果一直不踩坑，那个坑就会一直对她产生致命吸引力，她会在很多年以后都对那个坑念念不忘。

你的灵魂知道，你需要亲自在这里跌倒、受伤、流泪，然后才能真正体悟。

一位修行的朋友关于灵魂伴侣有过这样的阐述：

他说，灵魂伴侣不是找到的，而是当你修成一个较为完整的灵魂时才能遇到的。

而在修成一个完整的灵魂之前，我们需要满足自己很多低维的需求和欲望，只有当低维的需求和欲望得到彻底满足，我们才能一步步走向高维的爱。

当我们内在很多深层的需要得到了满足，灵魂才会长大，两个长大的灵魂才能谈"灵魂之爱"。

所以，感情里面，有的坑必须亲自踩，有的南墙必须去撞，就是这个道理。

你是无法通过凭空思考学习来获得成长的，你必须通过亲自经历才能真正体悟。

当我们一次次在坑里跌倒、受伤、流泪，最终擦干眼泪站起来、爬出去之后，我们的灵魂就会一步步走向圆融。

所以，对的人绝不是幸运之神的馈赠，而是你涅槃重生后的奖励和祝福。

这时，一个圆融的灵魂才会吸引另一个圆融灵魂来与之共舞。

亲密关系中如何修炼自我

亲密关系中的另一半,是一面高清的镜子,所有我们平时注意不到的内在的瑕疵、阴影、创伤、心理禁区、限制性信念都会在这段关系中被照见和放大。

李安妮曾经做过一个比喻:

我们的潜意识就像是一个水杯最底部的沙子,而我们的显意识就像是水杯里的水。大多数情况下,这杯水是静止的,沙子和水清晰地分为两层,我们的潜意识老老实实待在杯底。

而一旦进入亲密关系中,就像拿一把勺子在水杯里搅动一样,这时候,沙子和水混杂在一起,潜意识得以浮现出水面。

从心理学的角度来说,"看见即疗愈",一旦我们有机会看见自己的潜意识、旧有的限制性信念以及被藏在记忆深处的创伤和模式,疗愈和改变就已经发生了。

所以在亲密关系中,不要回避任何可以深入彼此内心的机会,我们要敢于呈现最真实的自己,驶入彼此的禁区,这是一次心灵上的大冒险，也是一趟自我完善的旅程。

那么，我们如何借另一半这面高清的镜子来修炼自己，在亲密关系中需要学习哪些功课呢？

一、自我觉察

当我们和朋友在一起时，大部分时候都是轻松愉悦的，一旦进入亲密关系，就像变了一个人，暴躁、易怒、患得患失……

这是非常好的一件事，说明我们的情绪开关被触动了，每一次情绪的升起，都是一次和内在沟通、建立联结的绝佳机会。

当我们对伴侣感到失望、愤怒时，不妨停下来挖掘这种情绪背后藏着怎样的模式和信念。

我年轻时谈恋爱，常常会因为对方不及时回复我微信而生气。后来我意识到，这种情绪之所以会出现，是因为我把不及时回复我微信这件事等同于不在乎我、不爱我。

当提升了自我觉察之后，我意识到，又是内在的小女孩冒出来索要无条件的关注和爱了，而不是一个成年女性在平等地恋爱。

于是就像剥洋葱般，通过一次又一次和对方互动产生的情绪，我们得以一层一层更加深入地了解自己。

二、将重心放在自己身上

谈恋爱的时候，我们会不知不觉把重心放到对方身上，耗费大量的心力猜测对方的想法、心意、一举一动。

习惯性地围绕对方转，时时刻刻都想和对方腻在一起，放弃原本计划的旅行，拒绝朋友的邀约，耽误工作的进度，从而丢失自我。

久而久之，你会发现，你的世界里只剩对方，而你呢，不过是对方生活中不起眼的一隅。

尤其是"恋爱脑"的同学，更需要学习如何将重心放回到自己身上。

当对方不在你身边，不回你微信，因为工作忙而疏忽你时，你要刻意训练自己，将自己的注意力拉回来，放在自己身上，去学习、去社交、去旅行、去拓宽边界。

这样，当两人在一起时，你能够享受恋爱的快乐，不在一起时，你也能从自己身上获得一样多的快乐。

三、处理独处与亲密的关系

两个人谈恋爱时，就像两个圆的相交，我们都因为对方的存在，感到边界被拓宽了。

当两个人因为太过亲密而没有各自独立的空间时，就像两个圆重合在了一起，会感到自我被吞噬，世界变得越来越狭窄，越来越无话可说。

我们要学会平衡"一个人待会儿"和"想有人陪伴"这两个冲突的需求。

我是一个很需要独处的人，在之前的关系中因为长时间和对方待在一块儿而感到窒息、没有活力，因为我忽视了自己独处的需求，而去迁就对方想要长时间陪伴的需求。

所以，我们在亲密关系中，要学会了解彼此对于亲密、独立的调配比例，并找到一个双方都可以接受的平衡点。

这样的关系才是充满活力、探索欲和新鲜感的。

四、提升感知爱的敏锐度

很多时候，我们在亲密关系中容易对对方的爱、关怀视而不见。对于"如何爱"这个问题，每个人有自己的一套标准，我们下意识地认为，只有按照自己那一套标准来表达的爱才是正确的。

但也许，我们对爱的感知维度太单一和固化了。

<u>不是只有按照我们期待的方式付出的爱才叫爱，很多不按照我们期待的方式出现的爱，同样也叫爱。</u>

在我以前的观念里，爱就应该是微信上每天的嘘寒问暖，如果没有及时回复微信，没有跟我进行高频度的沟通，统统都是不爱我。

而这其实是一种非常狭隘的感知爱的方式，对方只是没有按照我们期待的方式表达爱和关心，我们就粗暴地认定对方不爱自己。

只要我们愿意放下那一套关于如何爱的标准，打开感知爱的维度和敏锐度，用心去感受，就会发现，其实爱和关心无处不在。

他也许不会直接表达"我想你"，但他会在外地出差的时候发给你他看到的夜景。

他也许不会给你买很贵的包，但是他会想方设法把你空荡荡的冰箱填满。

他也许不会时时刻刻贴在你身边，但是他总想着帮你解决你的烦恼和困扰。

这些都是爱，只要我们打开了感知爱的触角，我们就会发现，爱其实无处不在。

五、为自己的情绪、期待、需求负责

亲密关系中，我们可能会抱有这样的心理诉求，即理所当然地认为对方应该来取悦自己，满足自己的需求和期待。

这并不是成年人的恋爱，而是一种巨婴式的索取。

恋人不是用来满足我们需求和期待的工具，恋人是来和我们一起分享爱、快乐的伙伴。

所以，不要任由自己退化成一个巨婴，让内在匮乏的小女孩随心所欲，那样是不会成长的。

我们要学着以成年人的姿态谈恋爱，为自己的情绪、期待和需求负责。

你可以以合理的方式表达自己的感受、需求和对对方的期待，但同时也要记住，对方有拒绝和不回应的权利。

我们需要学会在另一半不愿满足或者满足不了的时候，去自我满足。

譬如你想和对方去某个地方看日落，但是对方可能很忙没有这个时间。那这个时候我们就要意识到，满足自己的需求和期待是自己的责任。我们可以选择等待对方有空再一起去，但如果等不及，我们同样也可以选择和朋友，甚至独自一人前往。

学会自我满足是一段健康关系的前提，这样别人给我们的都是惊喜，别人没法满足的也不会让我们心生怨气。

六、爱一个具体的人，而不是头脑中的投射

很多时候，我们喜欢一个人，喜欢的其实并不是真实的他，而是我们头脑中投射的他，是理想化的他。

随着深入接触，我们会发现这个人并不像我们想象中的那么成熟、光鲜亮丽或风趣幽默。

这时候，我们面临一个选择，是去了解、去爱一个具体而真实的人，还是试图去改造对方以符合我们的期待。

前者，会引领我们进入一段真实的关系，而后者，则会让我们进入一段假性亲密关系。

对方能够感知到，他是被你真实地看见和触碰，还是不被你接纳。这也决定了对方下一步的行为，是袒露更为真实的自己，还是提高防御意识，进而产生对抗。

而我们需要修炼自己是否愿意放下预设，放下自己头脑中的期待和幻象，去看见一个不那么完美，但更为真实和独一无二的他。

我们可以问问自己：我们想要一个什么样的伴侣？

是否是一个让我们可以卸下所有防备伪装，接纳我们，不仅爱我们的优点，也爱我们的缺点，爱我们的阴暗面，爱我们脆弱的另一半？

所有关系的原点都是你自己，如果你期待一个爱你真实样子的伴侣，那你首先要让自己成为这样的伴侣。

每一段恋爱都是一次重要的修行，亲密关系中那些你逃避、不肯去面对、没有做完的功课，在下一段关系中你会继续遇到。

这些功课可能是你原生家庭带来的创伤、模式和限制性信念，但幸运的是，你有机会通过亲密关系去打破并重塑。

这就是亲密关系的意义。

所以没有糟糕的伴侣和亲密关系，那些创伤、执念、痛苦、纠缠，不是另一半带给你的，而是你内在本来就有的，他们只是将你内在的一切原原本本照见出来了。

你要做的，就是往里走，向内看，所有的解药都藏在这里。

情执——最难过的一关

大多数女性的一生中都要越过一个很重要的关卡——情关。

<u>一个人哪里匮乏，欲望就在哪里疯长。</u>

中国女性大多都是缺爱的，爱情是一种让人上瘾的"毒品"，不管看似多么清醒理智，相当一部分女性陷入恋爱就自动"恋爱脑"上身，患得患失、头脑发昏。

而一个人的心力是有限的，你将注意力投注在哪里，哪里就是你获得荣耀和勋章的战场。

男人呢，天生会将事业看作自己的主战场，而女人却总习惯在爱情中找寻价值感、存在感和认同感。

然而，事业从不会背叛一个人，但爱情却常常事与愿违。

那些总是"为情所困"的女人不仅在事业上停滞不前，在情感中也注定颠沛流离。

因为我们忘记了幸福的根基不是嫁给爱情，也不是赌对某个男人，而是自立自强，是拥有更多的退路和选择。

我们将自己扔在情海中反复沉沦，不自觉地放下肩头的理想，忘记打磨自己的宝剑，迷失原本行进的方向。

一旦爱情与其他事情冲突，后者则自动退居二线。

旁人哀其不幸，怒其不争，而当事人却沉溺在爱情的粉红泡泡中回应：我愿意。

倘若双方父母、身边人阻拦她跳入火坑，那她便更加义无反顾。这样反而让这段爱情染上一种宿命感和"与全世界为敌"的浪漫主义色彩。

情执，重在一个"执"字，是你越逃越退、我越追越赶，明知你是万丈深渊而我依然奋不顾身，非要纵身一跃；是我放弃一切为爱孤注一掷，到头来竹篮打水一场空。

那些藏在内心深处的匮乏、幽暗、创伤、不安全感、恐惧、被抛弃感、无价值感在情爱里被彻底激活。

那是一种近乎癫狂的状态，像是中了邪、着了魔，你的眼里只剩这个人，仿佛他是你的救命仙草，是你人生中梦寐以求的不可或缺的基石。

这不是爱，这是执念，是大脑编织的幻象，是小我捏造的魔障，你在其中反复体验求不得、怨憎会、爱别离之苦。

而破情执的关键在于"破"，如何破？

是要你实实在在体验过、心碎过，是杜十娘怒沉百宝箱的心死决绝，是水漫金山为了一个懦弱书生的不值得，是《胭脂扣》里为爱赴死而对方却贪生苟活的一厢情愿。

于是终于堪破小我的自恋幻境、爱欲的诡谲多变、人性的深不可测，方才恍然大悟，因缘和合，无常才是人生常态。

有的女人，一辈子在情海里反复沉沦、醉生梦死，心甘情愿咀嚼爱情的苦，不愿靠岸。

而有的女人，在经历过一两次心碎后，如大梦初醒，从此不再为情所困，生命变得更加辽阔。

情执的反面是什么？是爱，是臣服和接纳。

当你意识到，一切皆是体验，那些痛苦、绝望、心碎像台风过境般来来去去。

你不再依赖于从情爱和男人身上汲取养分和快乐。

也不再执着于结果，甚至不再执着对方是否同样爱你。

你迎接一切未知和动荡，也拥抱所有伤痛和别离。

你越爱自己，便越明白，你什么都不会失去，一切都是上天丰盛的恩赐，那些路过你生命的朋友、伙伴、爱人，从未真正和你分离，他们参与构筑了你的生命，成为你丰盛人生的一部分。

堪破了情执，便不再受困于男女之间的小情小爱，因为你心中会升起更大的爱，一种对宇宙的爱，对社会的爱和对生命本身的爱。

破了情执，女人的格局才会打开，真正准备好迎接生命的丰盛馈赠，将爱投注在更庞大的事物上。

如屠呦呦，将爱投注在科研事业上。

如杨丽萍，将爱投注在舞蹈和艺术上。

如张桂梅，将爱投注在教书育人，改变偏远山区女学生的命运上。

如金斯伯格大法官，将爱投注在推进平权运动的事业中。

你的目光转向了更高更远的地方，那里有你落灰的理想，从未开启的远方，以及半路放下的自由。

女性一出生，就被困在了一个楚门的世界里。

这个世界是由爱情、安全感、依赖、确定性构筑的象牙塔。

它风平浪静，一切都是已知的，一眼可以望到头。

你以为那个小镇就是你人生和想象力的全部，你被笼罩在一个巨大的谎言中，殊不知，那个你从未试图穿越抵达的危险边界和尽头，其实是通往更大、更真实世界的通道。

而你必须亲手打破它。

那一刻，你会知道生命本该如此辽阔，而你浪费了太长时间停驻在一个小地方，忍受平庸的炖煮和无聊的煎熬，错以为那就是你人生的全部。

你要拥有更远大的抱负，你人生的舞台应该在别处。

你应该去创造、去觉醒、去突破。

当你陷在小情小爱里心力交瘁时，请一定要记得打开窗，去尽头看看，外面的风景，多么波澜壮阔。

如何度过分手戒断期

如果你是第一次分手,或是和一个相爱多年的恋人分手,会产生强烈的戒断反应。我想结合自己的亲身经历,告诉你我是如何和交往 6 年多的恋人分手后痊愈的。

我记得我刚刚分手那会儿,仿佛如释重负,对身边所有人说:我终于活过来了,我能量状态不要太好。

连我自己也差点儿信以为真。

我参加了很多有意思的活动,做了很多新鲜的尝试和体验,也认识了新的朋友。

似乎总有股力量把我从房间里驱赶出去,我前所未有地渴望钻入人群,用看似热闹的安排,填满内心的空洞。

然而,每当深夜独自回到家,寂寞就像头野兽,凶猛地反扑过来。

不知道为什么,和自己独处这件事,变得如此让人难以忍受。

我似乎在逃避什么,逃避内在的伤口,逃避无处不在的回忆。

不管我如何自欺欺人,试图篡改、贬低那段过去,我的身体却泄露了秘密。

它突然失去了对食物的热忱,很多时候,只有肚子在咕咕叫,或者胃疼的时候,我才会意识到该吃饭了。

它会不合时宜地流下眼泪,无论是坐在出租车上听到电台里播放的情歌,还是和朋友聊天时被某一句话戳中。

它会在深夜里瞪大眼睛,尽管很疲惫,但依然难以入眠。

直到 4 个月后的某一天,我的胃口和快乐回来了,那一刻我就知道,我痊愈了。

一、允许悲伤

如果你也正在经历分手的阵痛,你要做的第一件事就是——请允许自己悲伤。

当你想找人倾诉的时候,周围的人总是试图否认、回避你的情绪,他们会告诉你,没什么大不了的,下一个会更好,不值得为这样的人难过,或者给你讲道理,擅自给予人生建议。

仿佛悲伤是什么避之不及的传染病。

就像你摔倒在一个很深的坑里,崴了脚、流了血,所有人都催促你赶紧站起来,爬出来,但你其实只想在坑里坐一会儿，哭一下，歇一下。

你就是很疼啊。

所有人都想拉你出来，但他们都忘记问你一句：欸，疼不疼啊？

<u>不要否认、压抑自己的情绪和感受，悲伤不会伤害你，而否认、压抑、回避和对抗悲伤才会。</u>

如果你愿意触碰内在的伤口，允许悲伤流经你，从心底涌上来，从眼眶流出来，像是泳池里打开的水闸，悲伤在被排解完后自然会离开。

所以，允许自己消沉一会儿，自暴自弃一会儿，你觉得怎么舒服怎么来，人这一辈子，不是必须时时刻刻保持积极向上、正面阳光。

你只需要找一个可以倾听你、不评判你的人，他不需要多么能言善辩，只需要默默陪着你，听你把过往一切好的坏的都说出来，把你的难过不舍、怨恨不甘统统倾倒出来，然后默默递给你纸巾，再给你一个拥抱。

只有当你试图将这种情绪能量封印在体内，它才会变成一道溃烂化脓的伤口，变成一个无法被触及的黑洞。

我刚分手那会儿，会当着才见过一两次面的朋友泪流满面，会一边痛哭一边写日记，去参加静修营放声大哭，会坐在阳台上点着香薰放着歌，任情绪恣意流动。

我寻找一切可以将悲伤释放的机会。

情绪是种能量，而能量是流动的，它像水一样流经你，它会来，但迟早也会走。

当悲伤找到一个释放出口，疗愈就已经发生了。

二、打开心门，让新人进驻

你要做的第二件事是——打开心门，允许新的人和事进驻。

当经历分手以后，失去的不只是一个恋人，可能同时失去了4个重要的人——我们最好的玩伴、引领我们前行的导师、陪我们聊到深夜的朋友，以及一个体贴的情人。

就像生命中4根重要的支柱被同时抽走，我们的内心变得前所未有的荒凉。我们无意识地抓取很多东西，试图补上内在的空洞，但每次都会失望而归，好像抓住的都不是自己想要的。

事实上，我们真正想要的，是爱，是安全感，是人与人之间的联结。

恋人的离开，不仅意味着一段关系的结束，也意味着你内心爱和安全感的缺失。

就像内心花园里最茂密的几株植物凋零枯萎了，这时候我们需要做的，是重新种下新的种子，等待它慢慢发芽生长。

在我最难过、最寂寞的时候，反而是我内心最敞开，最容易交到新朋友的时候。

我会勇敢而直接地和一个陌生人建立联系，会不自觉地跟新朋友袒露自己的脆弱。

我遇到了很多治愈过我的善良的朋友，他们有的会给我一个温暖的拥抱，告诉我一切都会过去的；有的会安静地坐在一旁，默默给我递上纸巾；有的会在琴房弹钢琴弹到我眼眶湿润；有的会坚定地告诉我：你是值得被爱的人！

于是，那块存在于心底的荒漠上，开始慢慢冒出几根嫩芽。

和一个人开始一段关系，就像是和那人登上了同一辆开往未来的大巴，你不知道那个一直陪伴你的人会在哪一站突然下车，但这并不妨碍你往前走，去看新的风景，遇见新的人。

所以，不要因为难过，就把心门关上，筑上厚厚的墙，因为你在关闭心门的同时，也拒绝了阳光和爱的涌入。

三、往前走别回头

你要做的第三件事是——大胆往前走，别回头，你的好日子还在后头呢。

有时候我们会陷入一种执念：是不是以后再也不会遇到一个这么爱我，或者我这么爱的人了？

但我想告诉你的是，这个人不是你的命中注定，也不是你获得幸福的唯一人选。

你和他之所以分开，就是因为缘分不够，他本来就不属于你，你们注定只能陪彼此走过一段路。

能真正给你带来伤害的，不是这个人从你的生命中消失，而是你认为他的离开把你的爱、你的活力、你的希望和幸福一并带走了。

揪着过去念念不忘，是一种无意识的自我惩罚，是你对自己最大的不仁慈和不善良。

所以，放过别人，也放过自己。

心不会死，它会受伤，但最终会愈合。

爱会在一段时间里被耗空，但也会被渐渐填满。

我们的教育好像从来没有教我们如何去爱一个人，但好像每个人又理所当然地觉得，爱情这件事不允许失败。

可是，爱是需要习得的，是需要我们辜负一些人，被一些人辜负，才能慢慢掌握的。

那些做错的题和栽过的坑不是毫无意义的。

那些"失败"的恋爱，也并不失败。

前任是我们的摆渡人，他来到我们身边注定会让我们有所成长。

每一次分手都是一次重要的学习，它让我们反省自我，修正自我，帮助我们成长为一个更为成熟、情绪稳定、懂得爱与被爱的大人。

这样，在遇到下一个对的人的时候，我们才不会因为任性、无理取闹而损耗一段来之不易的感情，才不会因为不懂得如何表达爱而造成误会，才不会因为自尊心不肯低头而只能眼睁睁错过。

当你清晨睁开眼睛的时候，拉开窗帘，阳光透进来照在脸上，突然觉得生活充满盼头。

当你突然觉得嘴巴有点寂寞，胃口回归，想要约朋友出去胡吃海喝的时候。

当你再遇到某个人，依然会心动，依然愿意投入其中，像不曾受伤一样尽情体验一场恋爱。

恭喜你，你已经痊愈了。

前任就像我们走过的一座桥，蹚过的一条河。

重要的不是我们在这里停留了多久，而是我们通过这段旅程成为一个怎样的人。

过去的已经过去，而我很喜欢这个勇敢地和不适合的人说再见，跨过悲伤后的自己，我想，这就是分手的意义。

如何面对离别和失去

你……经历过失去吗?

面对亲人的猝然离世。

和相爱多年的恋人分手。

和曾经无话不谈的朋友渐行渐远。

每一次失去,仿佛被抽走了人生中一块很重要的积木。

我经历过失去。

其中一次,是和谈了 6 年多的恋人分手,我删掉了他所有的联系方式。

我把他买的电热水壶扔了,留在柜子里的 T 恤也扔了,不符合我审美的床单、被单全都扔了。

我试图清空关于对方的一切,结果到了冬天,所有我努力忘掉的一切又卷土重来。

为了治愈分手带来的创伤,我后来去做了疗愈。

疗愈师说,我需要面对的是关于"失去"的课题。

如果你也曾失去过，经历过亲人的离世，恋人的分手，朋友的远去，对于失去难以释怀，那么我想从自己的故事里，分享一些我的经验和感悟。

一、害怕失去的背后是害怕被抛弃

害怕失去，不习惯分离和道别，是根植于我们早期记忆中的一种恐惧——害怕被抛弃。

我们貌似对 0—3 岁时发生的事没有任何记忆，但潜意识还记得。

而成年以后的失去，会一次次激活我们内在的"被抛弃感"，唤醒早年被深埋的创伤记忆。

我的疗愈师曾问我：你小时候曾经历过失去吗？

于是记忆一下子跃回到我的孩童时期：

有一次一觉醒来，我发现屋子里一片漆黑，静悄悄的，没有一个人在身边，我至今仍记得那个画面，几岁的我穿着睡衣，走在夜路上，一边拿着小台灯照路，一边哭着找妈妈。

后来和妈妈聊天的时候，我才知道在我 1 岁左右的时候，因为妈妈和父亲有很大的矛盾，我妈把我扔在奶奶那里，自己去外地打工了。

我对这件事没有什么印象，但这一切都被潜意识刻录了下来，这种内在的"被抛弃感"就像一个系统 bug，镶嵌在我的底层代码里。

它会在成年后演变成心魔，一旦"失去""离别"的时刻来临，我的被抛弃感就会被激活，将我吞没。

这也是为什么我们常常陷在一段损耗心神的关系中，反复纠缠内耗，依然无法做到坦然放手。

因为我们害怕说再见，害怕他人的不道而别，害怕走出一段深刻纠缠过的关系，害怕没人关心、没人陪伴，害怕又再次只剩自己孤零零的一个人。

所以，即便是有毒的关系，也没关系。

至少在这段关系里，我们不是一个人。

二、失去是幻象

前段时间，有位和我很投缘的姐姐跟我说，她准备搬去珠海定居。

我当时有些沮丧，离别前，我和她拥抱了一下。

本以为这件事就这么过去了。

后来第二天一早，我 6 点多就醒了，我一边刷着手机，一边想起这位姐姐要离开上海的事情，突然放声大哭。

我爱的人好像都逐一离开了我，我的前任离开了我，这个姐姐也离开了我，就连我的宠物某一天也会离我而去。

我发微信给那位姐姐，告诉她我的真实感受。

她安慰我说：我只是去了不同的城市，虽然以后不能一起出来喝咖啡，但可以视频聊天啊，我一直都在。

她的那句"一直都在"很好地安抚了我。

失去只是幻象。

不管曾经真心爱过的恋人,还是渐行渐远的朋友,我们都不曾真的失去他们,他们一直都在那里。

他们只是不再和我们联系,不再和我们创造新的回忆。

但那些一起共度的时光,那些温暖幸福的片段,从来不曾消失,一直驻足在我们心底。

今年冬天,我一直一个人生活,最近不知道为什么,回忆频繁敲门到访,我常常会不由自主地想起6年时光里,和前任在一起的那些温暖回忆。

每周五我们都会去影院看最新上映的电影,回来的路上,我们会激烈地讨论对电影的不同看法和感受,但不管争论得多厉害,他都会把我的手放进他的羽绒服口袋里死死揣着。

我们会在楼下的沙县小吃店里,点两碗热热乎乎的荠菜馄饨,吃完再心满意足地回家。

我的手脚在冬天总是冰冷冷的,我常常会恶作剧一样地把脚放在他的身上取暖。

……

那些一起共度的日子,是的的确确真实存在的,它们就像开着电热毯的温暖被窝,只要一想到嘴角就会不自觉地浮现微笑。

每当我们觉得日子好难,感到孤单的时候,那份回忆就像那一口热腾腾的饺子汤，帮我们挨过漫长的冬夜。

三、想象失去让我们更好地珍惜

如果说失去后，最让人难受的地方，大概就是遗憾和懊悔吧。

我很感谢我的前任给我留下了很多温暖的回忆，让我感受到"被人放在心尖尖上爱过"的滋味。

而让我遗憾的是，不知道他在以后的日子里想起我，会不会也觉得同样的温暖。

我曾后悔过，早知道未来某一天会分别，在这之前或许我可以更热烈一点，更坦诚一点。

把那些喜欢的话都说出来，不那么拧巴纠结，不那么口是心非。

这样，多年以后当他回想起我，会觉得自己也同样被温暖治愈过，而不是反复思量"她到底有没有爱过我"。

有一天，我在看斯多葛主义的哲学书，里面提到一句话：

在享受至爱之人的陪伴时，我们应该时不时停下来思考这个可能性，那就是这种享受是会完结的。如果没有别的东西来完结它，我们的死亡也会完结它。

就在那一刻，我终于想通了失去的意义。

唯有想象失去，才能唤醒我们对所拥有事物的珍惜。

我们总误以为，彼此陪伴的时光会一直延续下去，爱你的人会一直在原地等你，关心你的朋友 24 小时在线，所以，我们总是忙着完成更重要的工作，忙着实现更重要的梦想。

然而，我们都忘记了一件事——相聚总是短暂的，别离才是人生常态。

那些和我们的生命深刻纠缠的爱人，曾经和我们彻夜长谈的朋友，总是用我们不喜欢的方式爱我们的亲人，甚至在你床头总是目不转睛盯着你的宠物，都会在将来某一天离我们而去。

而我们唯一能够做的，就是在短暂的相遇里，尽可能地珍惜每一刻。

于是我抱着一种"终将失去"的悲观视角去对待身边每一个人。

当我看着我的宠物，我会想象她离我而去的那一天，这样每一天我都会比往常更爱她，更用心陪伴她。

当我和朋友出来吃饭聊天，我会想象某一天彼此渐行渐远不再联系，这样每次见面和道别的时候我都会给她一个大大的拥抱。

当我和喜欢的人约会，我会把每一次约会当成最后一次来对待，这样见面时我会贪婪地凝视他，热烈回应他，让他知道我有多喜欢他。

抱着终将失去的悲观，我用心对待每一个路过我生命中的人，把手里的花送给他们，把脸上的笑意呈现给他们，把心头的爱送给他们。

这样，当某一天我们不再联系，也不再有交集，我希望爱过我和我爱过的人们，在想起我时，想起那些共度的时光时，会觉得心头一暖，脸上带笑。

我想这就是失去的意义。

如何面对生命中的过客

或许你曾遇到过这样的关系：

和对方认识之初，你就知道，你们是两条通向不同方向的轨道，只是在某个机缘之下，你们短暂地相交，然后各奔东西。

这两年，我遇到了一些人，也和一些人告别。

有的人从一相见，就已经预见了结局。

可还是忍不住想要靠近，打开心门，允许对方进来。

在羁绊产生的那一刻，我就知道，哦，糟糕了。

因为当离别来临之际，我会忍不住掉眼泪。

我在上海的时候，很喜欢沿滨江大道骑行。

这一路上风景很美，当夜晚 7 点的钟声敲响，对岸的灯光会从沉睡中苏醒。

我骑着单车，一路上经过很多地方。

有的地方视野很好，很迷人，我一度有冲动想要停下来，就这么安静地坐在长椅上看着轮渡驶过。

可是前面还有很长的路,我想知道前面还有什么风景,好奇尽头处是什么样。

于是我只是短暂地停下来,为它拍几张照片,然后和它告别,继续前行。

后来我终于骑到了尽头,尽头那里一点儿也不浪漫,甚至有些吵闹。

可那已经是尽头了,而我也骑累了。

于是,我锁上单车,随便找了个地方坐了会儿,然后打道回府。

你觉不觉得,人生也是一样?

在人生的旅途中,我们喜欢过一些人,也被一些人打动过。

某一瞬间,我们可能想过:要不,留下算了?

可是,留在这个地方,留在这个人身边,就不能自由探索了。

而你依然对这个世界兴致勃勃,你想要看更多风景。

于是你含着泪,和喜欢的人挥手告别。

有的时候,两个人不能在一起,不是不够相爱。

你们只是处在不同的人生阶段和轨道上。

一个野心勃勃充满不确定,另一个已厌倦漂泊渴望安定。

于是我终于明白,<u>在我们不准备安定下来的时候遇到的</u>

所有人，都叫作过客。

苏格拉底曾把找寻理想伴侣的过程比作在麦田摘麦子。

大多数人要权衡的是，如何在不算太晚的时候，摘到一株比较大的麦子。

然而对我来说，人生的终极目的，不是在有限的旅途中摘到那株最大最饱满的麦子。

即便最后手里空无一物，至少我看遍了整片麦田。

前几天，我去古城的一家咖啡馆。

在咖啡馆前，有一位通灵师坐在那儿，她朝我挥了挥手，问我，要不要过来感受一下。

我坐在她对面，把手放在她手上。

我略带哀伤地说：我喜欢一个人，他来大理旅居了一段时间，过几天要回到自己的城市了。

我说：我知道我们是两个不同轨迹上的人，只是在大理短暂相交，然后去往各自的路。

我问通灵师：我已经预见到了关系的结局，可是我不知道，他来到我生命中的意义是什么？

通灵师什么话也没说，只是做了一个动作，亲吻，然后告别。

我流下了眼泪。

为自己，也为这段关系。

我很清楚，这不是我人生中第一次告别，也不会是最后一次。

我一直在想，既然不能走到一起，为什么生命要安排两个人相遇？

直到后来，我似乎找到了答案。

朋友说，不要因为没有结果而不去体验。

那样太可惜了。

你不敞开，也许不会流泪，但也不会拥有美妙的体验。

人有的时候要学会成全自己，成全那一刻的感受，那当下的体验。

那一刻我突然释然了。

人活着，就活那么几个瞬间。

那些瞬间，就像一颗颗晶莹剔透的钻石，在回忆里闪着璀璨又浪漫的光。

等到我们80岁垂垂老矣的时候，回顾自己的一生，能留下的，也就是这些超越"平凡琐碎"生活的时刻。

人和人的相遇，就像一场炼金术之旅，我们带着彼此的能量气息互相融合。渐渐地，我们的固执被打破，我们的局限被拓宽，我们为彼此开了一扇窗，点燃了彼此心底的火种，唤醒了沉睡的部分自我，创造一些不会被时间磨灭的回忆。

然后，在离别来临之际，带着对彼此的祝福重新启程。

我们光荣完成了相遇的使命，没有辜负缘分，也没有辜负自己。

所以，不要因为预见别离而设下心墙，也不要因为没有结果而不去投入。

相逢是美好的。

我们无法掌控缘分，无法预料谁在什么时候会闯入我们的生命中，又会在什么时候离开。我们唯一能掌控的是，在相交的那一刻，尽情地爱，尽情地燃烧。

当下一次缘分到来的时候，我们依然可以选择打开内心，允许他人闯入。

如何确定TA是不是对的人

如果你对目前的关系不确定。

你不知道他是不是那个对的人。

你对自己的心意也不是很清楚。

不妨把这段感情放一放,搁置一下,交给时间。

当我们对一个人上头,或者处于热恋期的时候,很多东西是看不清的。

就像一杯被搅浑的水,我们会被荷尔蒙、被依恋模式驱动着走。

这时候我们是没有觉知的,是恋爱中的盲人。

但如果我们将这杯浑水放一放,砂石就会沉下去,水会变得清澈。

亲密关系也是一样。

有时候,对于一段关系来说,短暂的别离是必要的。

把一切交给时间。

时间是最好的试金石。

时间会过滤掉一切不够真心诚意、不够坚信笃定、不够纯粹的情感和关系。

如果你去外面兜一圈,发现曾经心心念念、日思夜想的那个人不知不觉淡去了,那么,说明他不是那个人。

如果你去外面逛了一圈,发现怎么办,那个人还是萦绕在心头,外面那么多玫瑰,都抵不上你心中的那一朵,那就别犹豫了,在一起吧,没有什么能够阻挡你们。

放一放,给自己,也给这段关系一段空白期,去辨认自己的真心。

前两天认识一对情侣,听了他们的爱情故事。

他们在一起分分合合了 8 年,在分手的时间里,双方都有和别人交往,但始终觉得差了点什么,怎么都比不上和对方在一起的感觉。

于是兜兜转转,两人又走到了一起。

正是因为之前的分手、和他人的尝试,使他们更加清楚在彼此心目中的特殊意义。

是你的缘分,走不掉的,兜兜转转还是会回来。不是你的缘分,即便你抓得再紧,依然会溜掉。

时间自会给你答案。

时间是虚情假意、自我感动、三心二意的敌人,但对于真正相爱的人来说,时间是最有利的助攻。

如果在不联系的日子里，你对对方的思念与日俱增。

你会因为对方，而想要更努力、变成更好的人。

比起失去自由，失去更多可能性，你更害怕失去对方。

如果，你脑海中开始浮现出两个人一起生活的画面，那些枯燥无聊的、日复一日的琐碎日常，并且满怀期待。

如果，你发现自己的心门对其他人关闭了，对吸引别人或者被别人追求失去了兴趣。

如果，你所有的体验，都只想跟对方一起经历。

如果是这样，那么，这就是你的真心。

如果对方也是这样，那有什么理由不在一起呢?

能被时间过滤掉的关系，不必可惜。

被时间验证了的感情，才值得珍惜。

谈恋爱，到底在谈什么

我们谈恋爱，谈的到底是什么？

一定要有结果的、合适的恋爱才去谈吗？

一、激活能量

恋爱是一种激活内在能量的方式和管道，在和不同异性的互动中，我们会呈现出不同的侧面。

有的男人，会激活你小女孩的一面，你在对方面前可以恣意撒娇。

有的男人，会激活你富有女人味的一面，唤醒你体内的野性、性感。

有的男人，会激活你大姐姐的一面，引导你释放成熟的包容之美。

所以，在恋爱中，要享受的是在对方面前呈现的你自己。

男人就像一把钥匙，通过对方，我们得以解锁自己不同的侧面，激活内在不同的能量。

二、扩张生命体验

和男人谈恋爱是一种扩张生命体验的方式。

如果你身边全是女性朋友，就会发现一个问题，我们习惯用女性视角来看待一切，那些关于爱情、关于人性、关于世界的拼图并不完整。

通过恋爱，我们可以补足男性视角和男性思维，理解男性的处境，了解他们对婚姻爱情、对物质权力、对世界人生的看法。

慢慢地，我们的视角就会更全面，关于世界的拼图就会更完整，从以前的主观偏激变得更加客观理性。

谈恋爱就像在翻阅另一个人的人生。

和你恋爱的那个人，他的成长环境与你截然不同。和对方进行深度的交流，就像亲自体验了另一种人生，拥有了对方的人生经验和智慧。

三、人格的完善

谈恋爱能促进我们人格的完善。

谈恋爱的目的不是让我们快乐，而是让我们完善自我。

通过恋爱这面镜子，我们可以照见自己潜意识里的创伤、恐惧、阴暗、偏执。

它是打破自恋、走向成熟的过程。

你在痛苦的碰撞、纠缠、内耗中，慢慢放下自我，不再把匮乏投射在对方身上，也不再把对方视为满足需求的工具人。

学会把对方视为和你一样拥有自己情绪、感受、需求和节奏的人。

学会去付出、去爱，而不仅仅是索取、控制。

这个过程就是修行，让你不断地提升觉知、放下自我，懂得本自具足。

四、找寻辨认自我

恋爱同样也是一种找寻自我、辨认自我的方式。

那些吸引你的异性，身上往往藏着你所渴望的特质。

让你感到痛苦的关系，有你必须去完成的课题。

你的自我，在和他人的碰撞中显现出来。

于是，你看清了你的脆弱，你的需求，你的执着。

你遇到一个人，和对方发生的纠缠，时时刻刻都在映射你是怎样的人，你处在怎样的阶段。

在经历不同的恋爱时，你会更加认清自己，认清自己真正喜欢的是什么，在乎的又是什么。

五、学习成长

谈恋爱就像捡到一个一个经验包或者技能包。

当你谈恋爱的时候，会不自觉地染上对方身上的能量气息，习得他的品质、技能、思维模式。

我以前是一个偏悲观的人，而我前任是一个非常积极乐观的人，不管发生什么坏事，他都能从正向的角度来诠释。

后来分手以后，我认识的朋友都觉得我很开朗乐观。

那一刻我突然意识到，这部分开朗乐观，似乎是前任带给我的。

谈恋爱是在帮助我们成为一个更好的自己的过程，在和对方的相处中，我们不知不觉获得了一些自己所欣赏的品质和优点。

所以，没有结果的恋爱依然是有意义的，你们也许没有走到最后，但你们各自获得了对方身上的一部分认知、视角、智慧、经验，蜕变成了一个更好的人，然后继续前行。

为什么想分手却分不掉

我有过一段感情,时间长达 6 年半。

在这段关系的前半段,我们相处得非常滋养,我帮助对方找到了内心缺失的拼图,而对方填补了我童年时缺失的父爱。

我曾经一度以为,我如此幸运,在一开场就遇到了我的灵魂伴侣。

后来我们的关系渐渐发生了变化,从滋养开始走向了损耗。

我们会因为很多琐碎的事情争吵,越到后来我越对这段关系产生了巨大幻灭感。我隐隐有种预感,觉得他会变成我爸的样子,而我也会变成我妈在婚姻中的样子,我们的关系,不过是我父母关系的一次复刻。

中间我们分分合合了很多次,每次分手都是我提出来的,但当对方真的作势要离开时,我又忍不住开口挽留。

我的内心充斥着巨大的冲突，一个我，认为这段关系已经无法再滋养我，我应该果断离开，不应该再滞留在一段消耗我的关系里；但另一个我，贪恋对方曾带给我的幸福、愉悦时光，贪恋亲密关系中的陪伴和安全感，惧怕分手后要一个人独自面对的生活。

我痛恨没有勇气决绝离开的自己，痛恨无数次就要成功分手又忍不住开口挽留的自己。

我越来越清楚地意识到，那棵曾经庇佑我的大树，替我遮风挡雨、带给我无数便捷和安逸的大树，如今变成了一个透明的玻璃罩子，如果我想要继续向上生长，就必须打破它。

最后一次，我终于提出了分手。

不一样的是，这次我没有开口挽留。

我问了自己几个问题：

留在这段关系里，我会更开心更幸福吗？

复合后，原来的问题能得到解决吗？

要是我现在有很多钱，有很多安全感，我会选择继续和他在一起吗？

我的答案是：否。

真正分手的那一次，我并没有很难过。

我感觉我们的分手，是在一次次分手复合中慢慢分掉的。

每一次提出分手，我都把伤心分摊一点，直到最后真正割舍的那一步，反而松了一口气。

分手之后，我觉得自己仿佛获得了重生，我的心情、能量状态、所有感官都在无比确信地告诉我——这是我想要的生活！

就像把自己从沼泽中一点点拉出来，我拯救了自己。

如果你也处在一段消耗你的关系中，变得越来越不快乐，越来越低能量，你开始变成你讨厌的样子，也许它在告诉你——离开的时候到了。

你现在之所以没有勇气离开，或者分手之后又忍不住挽留，是因为你内在存在一个缺爱的小女孩，她因为匮乏，因为恐惧，在拼命向外抓取。

小女孩害怕失去别人的关心、体贴和陪伴，害怕又再次回到一个人孤零零的状态，害怕没有人托底、没有人遮风挡雨、没有人嘘寒问暖，害怕要独自一人应对接下来的挑战和生活。

与其说是爱让两人的关系继续，不如说是依赖、习惯和恐惧在作祟。

于是她宁愿深陷在一段损耗的关系里无止境地内耗，也没有勇气抽离。

你可能会辩解，自己之所以没办法离开这段关系，是因为对方苦苦挽留，担心分手之后他会做出伤害自己的傻事。但实际上，不是对方离不开你，而是你在心里没有做好离开对方的准备，潜意识里把内心的不舍投射在对方身上。

恋爱久了，人都会陷入一个舒适区里，即便舒适区并不舒适，但是比起已知的挣扎痛苦，未知的一切更让人惧怕。

而且你总是把未来往更坏的方向想象，觉得也许分手了过得还不如现在呢，也许后来找的还没这一个好。

于是你自欺欺人，假装一切问题都不存在，仿佛这段关系可以继续。

而继续滞留在一段不再滋养你的关系中，本质上是对自己的不善良和不仁慈。

因为你不爱自己，才能眼睁睁地看着自己越陷越深，离幸福快乐越来越远，生命状态越来越枯萎，一次又一次忽视内心的渴望，放弃生命中更多的可能性。

所以，如果内在的小女孩因为贪恋、恐惧不肯放手，成熟的你要记得拉她一把，给她足够的关照和爱。

你要记住，内在的小女孩不是你，当你意识到你的选择、行为被内在的小女孩主导的时候，那个成熟的你请一定要站出来。

成熟的你更具智慧，更有自信和底气，更有能力和担当，你可以接替父母和另一半的角色，照顾好内在那个缺爱、恐惧、不安的小女孩。

你要学会保护自己、拯救自己，如果意识到一段关系在逐渐消耗你，你要有决断和勇气去摆脱它。

告诉小女孩：没关系，不用怕，有我在。

你要学会成为自己最完美的情人，所有你渴望另一半给你的东西，都应该先自己给自己。

你要带着小女孩去看更广阔的世界，体验更丰富的生命，披荆斩棘地为她争取想要的东西，寸步不让地捍卫本属于她的权利。在她难过、寂寞、沮丧的时候，倾听她、陪伴她、安抚她，无条件地接纳她、相信她，不惜一切代价让她活得更恣意、更饱满、更丰盛。

因为滋养内在匮乏的小女孩，不是另一半的责任，而是你的责任。

内在的小女孩只有吸收足够多的爱，而且是由你自己给予的爱，才不会受伤，才不会把不切实际的期待、幻想投射在另一半身上，在一段损耗的关系中沉溺，难以自拔。

当你开始关照自己、爱自己的那一刻，你就知道，你在这里逗留太久了，是时候离开，去开启下一段旅程了。

真正的爱，是扶级而上的

你有没有想过什么是真正的爱情？

虽然关于爱情的看法众说纷纭，但它们都有一个共同的标准，那就是——

真正的爱，是扶级而上的。

什么是扶级而上，怎样才能扶级而上呢？

我想，里面有三层含义。

第一层：由表及里的看见

爱是由表及里的看见。

一开始我们被对方的皮囊吸引，继而为他的才华、智识、魅力所心动，直到陷于他的内心深处。

越往里走，我们越会发现他也许并不如我们想象中的那么优秀完美、勇敢坚强。

你会看见他的脆弱、胆小和无奈。

但真正的爱就是剥洋葱的过程，你会一层一层剥掉对方的面具、伪装和防御，逐渐走进对方的内心，你不会因为他的弱点而鄙视他，因为你爱他的内核，这个内核包括他的阴暗面和弱点。

正是这些弱点和阴暗面的存在，构成了完整而立体的他，使他成为独一无二的存在。

这是真实关系开始的地方。

没有剥洋葱的过程，喜欢仅仅停留在表面，就会出现虚伪的关系。这种关系的问题在于，双方都戴着面具，彼此都没有触碰对方的内心，也没有呈现最真实的自己。

我记得台湾才子李敖和女神胡因梦离婚之后接受采访时，记者问他胡因梦那么完美为何要分开，他说：某天自己意外推开卫生间的门，看到她因为便秘而憋得满脸通红，他觉得太不堪了。

在这样的关系中，李敖是没有真正看见胡因梦的。

他希望妻子能够按照自己的意愿和规矩做事，并且要求她时刻保持优雅和体面。

他只是把胡因梦看作一个美丽的花瓶，而非一个真实的人。他的看见只停留在最表面的一层——美丽、优雅，不肯再往里深入地探寻了解。

因此，他无法忍受花瓶会有瑕疵，会有裂痕。

所以，当结婚后，真实的胡因梦打破了他的幻想，但与此同时,这是一个可以看见真实的对方的机会,非常难得的机会,但是他错过了,或者说他不愿意看见。

而真正的看见是什么?

《老友记》里,罗斯曾摇摆在瑞秋和朱莉之间,于是罗列了她俩各自的优缺点。说到瑞秋的时候,他罗列了她很多缺点,工作是服务员,脚踝有点粗,脾气也不是很好;谈论朱莉的时候,全是优点,但当提到朱莉缺点的时候,罗斯只提了一点,她不是瑞秋。

是的,<u>真正的爱就是即便你有那么多缺点,我依然钟情于你。即便理性告诉我另外那个人更适合我,但我的双脚依然不自觉地走向了你。</u>

第二层:由浅入深的欢愉

爱是由浅入深的欢愉。

从肉体的吸引升华到精神的共鸣,由感官的快乐蔓延到心灵的满足。

那一刻你会发现,你不再孤独,因为世间有那么一个人能够读懂你。

现代人习惯了速食的爱情,而这种快乐往往转瞬即逝,随后被更大的空洞取代。

肉体的欢愉,排解不了灵魂的孤独和寂寞。

仿佛一个内心饥渴的人,想要找到一片绿洲,却只看见荒漠上一个又一个空瓶。

廖一梅曾说过，在我们一生中，遇到爱，遇到性都不稀罕，稀罕的是遇到了解。

浅层的快乐容易觅得，而深层的愉悦世间难寻。

第三层：由此及彼的关注

爱是由此及彼的关注。

人是以自我为中心的动物，自恋又自私，而当真爱发生的时候，小我才会被打破。

那一刻，我们的关注点不再是我自己，而是我们，不再是你必须来满足我的需求，而是我想为你做点儿什么。

这意味着，对方不是满足我们需求的工具，而是值得我们倾情投入、奉献自己的珍品。

很多人的爱，其实都是以自我为中心的爱，是把对方当作工具人的爱。

在这样的爱里，对方的感受、需求、渴望和期待都必须让位于我们的感受、需求、渴望和期待。

我们一味地去索取，而从未想过给予和付出。

在小说《鄙视》里，剧作家卡尔多娶了一位年轻漂亮的妻子，之所以选择她做妻子，是因为她是一块做妻子的好"材料"。

她崇拜他、欣赏他，同时对他百依百顺，愿意跟着他过清贫的苦日子。

但与此同时,卡尔多的内心又嫌弃妻子,她没有读过什么书,做着不入流的工作。

在整个故事中,虽然卡尔多口口声声说着自己有多么爱自己的妻子,但他关注的从头到尾都只有自己,自己的尊严、自己的梦想、自己的需求,而从未真正地将关注点放在妻子身上,考虑妻子的真实感受和想法。

真正的爱是什么?

是不自私的爱,是关注的原点从我这里走向了你那里。

就像王小波写给李银河的情书上说的那样:我爱你爱到不自私的地步。就像一个人手里的一只鸽子飞走了,他从心里祝福那鸽子的飞翔。你也飞吧。我会难过,也会高兴,到底会怎么样我也不知道。

虽然你的离开,我很难过,但如果你的离开会让你更幸福、更快乐,那么,我愿意舍弃我的幸福快乐来成全你。

爱是动词,那意味着我们必须有所行动和努力,顺着阶梯一步步攀爬。

爱是变化流动的,我们永远不要停下了解对方并让自己变得更优秀的脚步,通过爱变成更好的人。

很多人一结婚就停止努力了,以为结婚就是爱情的终点,放弃耕耘,爱就变成了一潭死水。

真正的爱,从来不是从天而降的幸运,而是需要汗水和努力浇灌的农田。

"浇灌"爱是不能偷懒和懈怠的。

我们在这片农田里种下什么,就会收获什么。

第三章

能量提升

能量是一切富足、魅力、幸福的源泉,提升能量就是在拔高人生上限。

别轻易授予他人权限

不要轻易和烂人烂事纠缠，否则，你就是授予他们可以伤害你、损耗你、打击你、拖累你的权限。

所有让你不舒服的人际关系，都可以用这个法则来处理。

如果你一天到晚都把自己的注意力、情绪、心力放在烂人烂事上，你的能量状态很难变好。

以下4种方式较为典型，间接表明你授予了对方伤害你的权限。

第一种：与对方争辩

例如，有人在我的视频评论区误解我、污蔑我，断章取义，贴标签。

以前我会觉得很愤怒，会怼回去，会据理力争，会辩论。

后来我才明白，一个带着戾气和恶意的人，不会真正理解你，他只会找各种刁钻角度去攻击你。

争辩之后你不会得出任何好的结论，更不会与他达成共识，反而被气个半死。

如此一来，对方伤害你的目的就达到了。

当你试图和对方争辩，就等于无意识地授予了对方权限，这样一来，对方就可以持续不断地来影响你的心情，拉低你的能量。

第二种：在意他人的评价、认可

你越在意他人评价，便越容易授予对方可以干扰你、左右你、操纵你的权限。

我发现很多从原生家庭走不出来的朋友，大都陷入了一个漩涡——试图获得父母的理解和认可。

因此，他们所有的注意力、心力都会放在获得父母的认可上，即便为此他们需要做出巨大的让步和牺牲。

而收回权限的方法很简单，就是放弃获得对方的理解和认可。

这样一来，对方的评价、看法就无法再来干扰你。

第三种：不停反刍

一件事发生后，你会不停地在脑海中反复播放，重复品味那时的感受、心情。

同样，你也是在授予他人偷走你注意力、耗泄你精气神的权限。

反反复复回味,不断陷在过去里拔不出来,就是反反复复和他人纠缠。

既改变不了过去,又不肯接受现状,你的心神就会在反刍中不断被损耗。

这也是为什么我们常常觉得一天明明什么都没做,却感到很疲惫。

第四种:动怒

当我们因为一个人扰动情绪、大动肝火,同样也在授予对方干扰、影响自身的权限。

《天道》里有这么一个情节,丁元英去早餐铺买油条,在一开始他就付了钱,可是,当吃完准备离开的时候,他被早餐铺老板叫住,老板说他没给钱。此时,丁元英不仅没说一句话,反而从裤兜里掏出了钱,付罢便平静离开。

普通人肯定会动气,觉得我明明付了钱,你却污蔑我没付。

但丁元英没有任何情绪。

因为动气也是需要消耗能量的。

不是因为我们好欺负,而是在动怒之前,要去思考为这么一件小破事儿、这么一个小人物生气,值不值得。

我有个人生哲学,虽然有些粗鄙,但是很有道理。

这里分享给大家。

那些烂人烂事，就像前行路上的一坨狗屎。

如果你不幸遇到，最好的解决办法，不是和它反复纠缠，让它影响你一整天的心情。

而是快速避开、绕过，就像没有遇到它一样。

要把权限收回来，我们要做的就是不把注意力放在不值得的人和事上。

对待那些误解、污蔑你的人，沉默就好。

对待那些打击、否定你的人，忽略就好。

对待那些让你不甘、遗憾的事，翻篇就好。

对待那些让你动怒的事，认栽就好。

要记住，没有人能够伤害你，除非是你允许的。

到底是什么封印了你

这一年来我见过很多人,认识很多朋友。

后来我发现,原来人群中只有两种人。

一种是活出自己的人,一种是没有活出自己的人。

这两种人很好区分,只需一眼便能认出。

活出自己的人,眼里是有光的,他们充满着生命力,内在炽热澎湃,活得无拘无束,浑身上下洋溢着一种快乐向上的气息,只要靠近他们,你就会觉得自己靠近了阳光和希望。

而没有活出自己的人,眼神黯淡无光,不敢做这不敢做那,他们的气息是下沉封闭的,不管他们的嘴角多么上扬,但你就是能知道他们不快乐,他们内在的热情和活力仿佛被封印住了。

如果你常常处在抑郁的情绪中,对生活没有什么期待,觉得做什么都没劲儿,那只能说明一件事——你被封印了。

你内在的生命力被压抑了,所以你不快乐、没有活力。

你究竟是什么时候开始被封印的呢？

也许是从高考那一年，你听从了父母长辈的建议，放弃了喜欢的专业，而填报了有光明"钱"途的专业开始的。

也许是从面对父母年纪渐长，有个声音告诉你，你长大了要负担起属于自己的责任，不能再像以前一样任性了开始的。

也许是从到了谈婚论嫁的年龄，你发现没房没车没什么存款的自己，原来留不住一个心爱的人开始的。

也许是从到了30岁，你加入了相亲的队伍，放弃了对爱情的美好期望和幻想，然后和另一个长得中规中矩的人迈入"合适"的婚姻开始的。

总之，在人生每一个关键选择的节点上，在面对内心的召唤和外在的规训中，你选择了后者。

不知不觉，你便陷入如今的境地。

你以为自己成熟了，殊不知只是习惯了糊弄自己。

你身上的枷锁越来越多，脚步越来越沉重。

房贷车贷，孩子的家庭作业，该死的工作。

你在一天中要扮演很多个角色，员工、伴侣、父母等，而你做自己的时间，仅限坐在车里抽烟的那几分钟，睡前的半小时。

年轻的时候看《月亮与六便士》，我很讨厌里面的主人公斯特里·克兰德，在我看来，他做出了一个非常糟糕的决策，放弃光鲜的工作、温暖的家庭和安稳的生活，非要去过一种穷困潦倒、动荡不安、流浪汉一般的生活，最后死在了小岛上，和他的画一同消失在一场大火里。

一副好牌偏要打得稀巴烂。

而如今，我好像渐渐能够理解他了。

斯特里·克兰德中年以前，一直过着那种循规蹈矩的生活，努力成为他人眼中的理想员工、理想丈夫、理想父亲。

但是他感觉不到幸福快乐，明明他已经过上了人人羡慕的生活，本应感到无比知足，为什么他会觉得心中死气沉沉呢？

因为他糊弄了自己，违背了内心的召唤。

抽屉里多年不碰的画笔，是斯特里·克兰德早年放弃的梦想，它象征着另一种可能性，那就是遵循内心的召唤而生活，它同时也代表着斯特里·克兰德被封印的自我，他内在的热情和生命力。

人到中年，斯特里·克兰德终于无法再自我欺骗下去，他终于明白，自己多年来苦心遵循的一切，都不是自己想要的。

于是他做出了一个震惊所有人的决定，那就是留下一封信，放弃一切，做回自己。

他放弃了工作，离开了妻子和孩子，"背叛"了苦心建立起的一切。

这一次，他选择了不自欺，不糊弄自己。

当我读懂了斯特里·克兰德，我便理解了身边大多数人。

有的人的人生就像斯特里的前半生，选择对得起父母、对得起伴侣、对得起孩子，唯独对不起自己。

有的人的人生就像斯特里的后半生，或许辜负了很多人——父母的期待、心爱之人的渴望，却一直忠于自我。

所以现在我可以来回答，到底是什么封印了你。

封印你的，不是你的父母、伴侣、孩子，也不是现实，封印你的，是你自己。

是你内心的恐惧不安、焦虑彷徨，是你的自我怀疑、自我否定。

你做出的每一个选择都是为了符合他人的期望，但你唯独背叛了自己的内心。

为了减轻痛苦，你开始自我欺骗，说服自己：

这才是正确的选择。

大家都是这么过来的。

不是所有人都能够按照内心的想法生活。

生活就是这样，人不可能一直活在理想中。

当你习惯忽视内心的声音，习惯糊弄自己，你的心就会渐渐沉寂，而生命力就会在自我欺骗中一点一点凋零。

人活在世上要面对两股力量，一股力量叫作"恐惧"，另一股力量叫作"渴望"。

当人被"恐惧"这股力量主导的时候，生命力就会开始萎缩，失去快乐和活力。

然而，当一个人听从内心的召唤，被"渴望"照亮的时候，他的生命力便会绽放。

而我们可以选择，在漫长的人生之旅中，是被恐惧不安驱赶着向前走，还是勇敢地奔赴心之所向。

厉害的人都开启了节能模式

去年我参加了一个线下课程,在小组共修中,有个女生一下子抓住了我的眼球。

这个女生是个行动派,她计划明年环游中国,就马上把房、车卖了,并说服了父母,获得了他们的支持。

她想加入一个小团体一起玩,于是学完课程就报名参加有意思的线下活动,一边交朋友,一边给别人做教练。

学完课程后,每人需要积累100小时的咨询时间才能申请官方认证,而她,用2个月的时间就完成了,不只是这期同学中,甚至往届同学中,她也是最快达成目标的。

即便疫情被封在家,她也闲不下来,一边努力减肥,一边写小说。

不知道你们身边有没有这样的人,他们的人生仿佛开挂了一样,有目标了就去行动,并且做一样成一样,没有虎头蛇尾、不断"烂尾",做什么都是出类拔萃,总能得到想要的结果。

看着她如此丰富多彩的人生，我有时候也会思考：

为什么不管是学习、减肥，还是写小说，她都能做一样成一样？

为什么她从来不内耗，行动力超强，想到了就去做？

为什么她敢于去尝试大多数人想做但不敢做的事情？

后来我发现，这个女生身上自带一种"节能模式"，这种行为模式能够杜绝内耗，快速达成目标，建立强大的自我认同。

像这样自带节能模式的人，有以下几个特点：

一、节省心力：会聚焦，懂取舍

我发现，这个女生在生活的每个阶段都会立下一个清晰的目标，在接下来的两三个月里，她会把这个目标放在第一优先位，所有和这个目标相斥的其他目标都会被舍弃掉。

例如，在积累教练小时数的时候，她就会全心全意在朋友圈宣传，邀请朋友来做教练对话，把减肥、旅行、写小说等其他目标暂时放下，等这个目标完成之后，再去达成下一个目标。

所以，节能模式的一个特点就是懂取舍，把后台不重要的其他程序都清理掉，留出足够的时间、空间和精力留给最重要的目标，把心力用在刀刃上。

而大多数人，包括我，则处在一种耗能模式中，既要又要还要，什么目标都想达成，什么目标也不肯舍弃，最终导致每个目标都"烂尾"，半途而废。

二、减少内耗：凡事先搞起来

我在做很多没有尝试过的事情时，会有一个极其耗能的环节，那就是不断地自我怀疑、自我否定，也就是内耗。

我会提前设想很多意外状况和不良后果，比如做短视频前，我脑海里会有很多声音跳出来，告诉我——"你普通话不标准""到时候肯定会有人攻击你""你镜头表现力不够""视频剪辑很麻烦"等。

而那个女生和我刚好相反，从想法到行动之间无比顺滑，不纠结，无内耗。

她有着强大的自我认同，从来不会多想自己要是做不到做不好怎么办，也不会对一件没有尝试过的事抱有特别高的要求和期望。因此，不够好、不够完美也没关系，凡事先搞起来，先迈出第一步，然后再慢慢调整。

由此一来，当别人花了一年时间才解决了内耗，准备开始迈出第一步，而她早已用这一年时间完成了行动—反馈—优化—达成目标。

三、降低阻力：游戏心态

她还有个很有意思的出发点，那就是以"游戏心态"去面对。在学习的过程中，她整个人表现得非常轻松，仿佛是在尝试一个好玩的游戏，而不是在苦哈哈地完成学习和工作任务。

人都有一种倾向，当我们把一件事当成工作的时候，容易产生抵触情绪，而当我们把这件事看作是一个游戏，就会更加轻松、更加乐意去做。

游戏和工作还有一个区别，就是做游戏是可以失败的，因为你有无数次机会可以重来，而工作上的失败是不被允许的。

当游戏失败了，我们不会觉得这是对自身能力的否定、对自我价值的挑战，但是当工作出现问题了，我们就会开始质疑、否定自己，胡思乱想、止步不前。

比如，我之前做事时，特别依赖正向反馈，一个行动，如果没有带来正向反馈，我就会立马放弃，觉得自己不适合。但是，很多事情，并不是一开始就有正向反馈的，而是在坚持了一段时间后，它才会出现。

对于这个女生来说，出现负面反馈是好的，因为可以根据负面反馈调整方向。出现正面反馈也是好的，这样就可以继续按照之前的思路加大投入，加速完成目标。

很多时候，拉开人与人之间差距的，不是天赋和能力，而是行动力。

一件事，只要行动起来，不管结果是好是坏，都会获得信息反馈，根据信息反馈再进一步做优化调整。

于是迈出第一步的人，很快会迈出第二步，第三步……

而没有迈出第一步的人，心力在犹豫纠结中消耗殆尽，最终只得叹口气"算了吧"。

所以，没有什么天赋异禀、人生开挂，不过是把心力能量节约下来，投入到实实在在的行动中。

戾气越重，运气越差

有一种人往往特别"倒霉"，就是戾气重的人。

曾经有一位外卖小哥小李，接到买家催促的电话后，直接恶语相向："你着什么急！"

没想到被用户投诉，被平台扣钱，一天的辛苦钱就这么泡汤了。

也许在他看来，自己怎么那么倒霉，总是遇到各种烂事儿。

但他也许没有意识到，这些倒霉事儿其实是自己招来的。

心理学上有个词叫作"踢猫效应"：一位父亲在公司受到老板的批评，一回到家，他就把沙发上跳来跳去的孩子臭骂了一顿。孩子心里窝火，狠狠去踹身边打滚的猫。猫逃到街上，正好一辆卡车开过来，司机赶紧避让，却把路边的孩子撞伤了。

这就是典型的坏情绪导致的恶性循环。

从因果论的角度来说，人的每一个起心动念，其实都是向外界扔了一颗球，不管这颗球是好球还是坏球，它最终会回到你身上。

一个心存善念的人，会被当初的善缘所救，而心存戾气的人，也会被同样的力量所伤。

我们要意识到，人性是复杂的，人是同时有善恶两面的，而你的一举一动，就是在引导对方选择用哪一面来面对你。

我认识两个朋友，一个总是善于发现别人的闪光点，因此在职场上常常遇到很多贵人；而另一个不管跟谁相处，都能说一大堆对方的缺点，而他也常常跟我抱怨自己总是犯小人。

事实真相就是，贵人、小人可能是同一个人，你的善念、暖语会激发他人积极阳光、良善、高尚的一面，而戾气、恶语会引发一个人内心阴暗的涌动，让对方做出陷害你、打击你、诋毁你的举动。

所以，别人选择用哪一面来对待你，取决于你抛出的是好球还是坏球。

曾经看过一个故事，一个外卖小哥因为工作不顺，积累了很多怨气，于是某天出门时，他塞了一把刀在衣服里，打算今天谁惹了他，他就对付谁。

这天天气很热，他送餐迟到了，到了买家门口，一个男人打开门，男人看了看他满头大汗的样子，突然跟他说：你等一下。然后回屋给他拿了一瓶矿泉水。

外卖小哥看到这瓶水之后,突然就流下了眼泪,在把外卖递给了男人之后,他默默地将藏在衣服里的刀扔进了旁边的垃圾桶里。

而男人看到这一幕吓得脚都软了,他无法想象,如果当天他脾气暴躁地朝外卖小哥怒吼,也许他就成了受害者,出现在第二天的社会新闻里了。

我不知道这个故事的真实性,但我确信的是,善恶有时候就是一念之间的事,一念成佛,一念成魔。

心存善念,也许不一定每次都有回响,但能将人的恶意控制在最小范围。

所以,越是对待生活艰辛、身处低位的人,我们越要懂得尊重、谅解对方,因为在他们的世界里,充斥的往往都是粗暴的言行、被挤压的生存资源、沉重的生活压力,他们身上戾气本来就已经够重了,如果我们以暴制暴,只会将这种"霉运"传递下去,引祸上身。

而如果我们用善意去回应,存善心,讲善言,做善事,那么,就能化解戾气,中断霉运,好运和福气自来。

你的注意力在哪儿，你的能量就在哪儿

你的注意力就是能量。

你的注意力在哪儿，你的能量就贡献在哪儿。

如果你每天大部分时间都在思考和工作相关的问题，那么你的能量就贡献在事业上。

如果你每天花很多注意力在认识自己、了解自己、疗愈自己上，那么你的能量就贡献在内在修行上。

如果你不管走到哪里，总是会注意到商机和金钱的流动，那么你的能量就贡献在"搞"钱上。

当然，如果你每天都被感情上的事情所扰，不自觉地看很多和情感相关的书籍、视频，那么你的能量就贡献在了感情上。

你的注意力就是能量，你长期把注意力放在哪儿，就是用大量的能量来浇灌哪儿，人生硕果就会结在哪儿。

比如我，不管是去徒步、跳舞，还是去社交，哪怕是谈

恋爱，都会有意无意地搜集创作素材。

对于我来说，人生的一切体验都是为创作服务的。

所以我人生最大的硕果，也结在这里。

而高能量的人，就是把注意力放对了地方的人。

能够持续稳定地保持高能量的人，就是对注意力有高度掌控力的人。

很多人能量不够高，本质上是因为他们对自己的注意力缺乏觉知和掌控。

比如，一拿起手机刷短视频就会持续几个小时，不知不觉，一个晚上的时间就过去了。

或者，总会因为感情的事情而感到困扰，做什么都没心思。

这都是因为无法驾驭自己的注意力。

所以，当你懂得如何驾驭自己的注意力，你就掌握了高能量的开关。

那么，如何驾驭自己的注意力呢？

一是屏蔽力。

对损耗自己的人和事，能够做到不看、不想。

什么损耗你，"搞"你的心态，你就屏蔽什么。

二是专注力。

不依赖于外部环境，能够随时进入专注心流的状态。

长时间专注在让自己成长、增值、滋养的地方。

三是翻篇力。

能够快速接受现实，没有什么过不去的人和事，洒脱放下，快速翻篇。

不念过往，不畏将来，不困于心，不乱于情。

你的嘴就是你的风水

你的嘴就是你的风水。

你每天无意识脱口而出的话,都是在给宇宙发射信号。

特别是那些负面语言,这些话语里包藏着很多限制性信念、负面思维和低频能量,它会让你离真正渴望的事物越来越远。

久而久之,你会发现,你身边遭遇的各种意外和事件,恰恰是你嘴里常常念叨的,不要怀疑,它们正是被你召唤过来的。

比如有的人遇事会把"我没有办法"挂在嘴边,"我没有办法",意思是"我别无选择,我没有力量,我无法掌控事态的发展"。

久而久之,你身边就会出现很多"有办法"的人,他们主观意志非常强,需要让你按照他们的意志行事,他们会擅自插手干预你的生活,而你只能被动接受他们的决定。

比如有的人常常把"我不行""我没试过""我做不到"挂在嘴边，意思是，"我的专业、能力、智慧等还不够胜任，我没有做好准备，我觉得自己还不够好"。

长此以往，你身边就不会再出现任何机会，因为机会每次来的时候你都找借口把它推离了，你总是无意识地向宇宙传递一个信号——"我配不上任何机会"。

比如有的人会说自己"不相信有灵魂伴侣""婚姻就是找个合适的人过日子"，结果就是，他们很难遇到高质量的亲密关系，因为他们根本不相信这种关系，即便真的遇到了那个人，他们也会和对方擦肩错过。

所以，你每天挂在嘴边的口头禅，无意识脱口而出的话，都在吸引同频的人和事来到你身边。

为什么我们脱口而出的话会有那么大的威力？

你不经意说出的每句话，都是你内在的真实呈现。

语言是思维模式和信念的外化，很多隐藏在潜意识里难以被觉察的限制性信念，其实都可以在我们的口头禅、高频词和叙述中被及时觉察和捕捉到。

比如，和一位朋友聊天，每当我夸她的时候，她都会接一句"但是……"我说："你现在成长得好快啊，和一年前的你完全是两个人。"她立即说道："但是我们公司也有很多厉害的人。"

这个"但是"其实就是她的内在对自己的一种否定、不满意和怀疑的状态。因此,她没办法心安理得地接受别人的赞美和欣赏。

又比如,面对强势父母的控制时,朋友会说"反抗是没有用的""这件事我做不了主",这其实就是一种习得性无助,潜意识里她相信"我无法捍卫自己""父母的意志是不可违抗的",所以她一开始就放弃了坚持自己的想法。

所以说"你的嘴就是你的风水"其实一点儿也不夸张。

接下来,我要分享几个万能"咒语",帮助你转换频道、提升能量、将坏事变成好事。

第一句话:把"都怪你"变成"我也有责任"。

在亲密关系中,我们常常会埋怨指责对方,"都怪你,所以我想做的事情一件也没做""都怪你,我放弃了好的工作机会"。

但当我们说"都怪你"的时候,其实是将生活得不幸福的责任全部推卸给了对方,潜意识里,我们认为自己的情绪、期待和生活是由对方来负责,而不是我们自己负责。

那就意味着,获得快乐、满足、幸福的主动权不在我们这里,而是在对方手里。

如果我们将"都怪你"替换成"我也有责任",承认在这段关系中,一些不好的体验和关系的变坏,我们自己也有一部分责任,那么你就会意识到,改变和获得幸福的主动权在自己手上,不管对方是否愿意满足你的期待、渴望,你随时都可以去满足自己，让自己变得更愉悦、幸福。

第二句话：把"我没办法"变成"我选择"。

生活中，我们面对很多糟糕的处境时常常会说"我没办法"4个字，这句话是有强大念力的，面对一段损耗纠缠的关系，你表示"我没办法"，面对讨厌又不得不完成的工作，你同样表示"我没办法"。

久而久之，你就会相信，对生活和工作，你除了忍受，没有其他的选择。

但真的是这样吗？

如果将"我没办法"变成"我选择"，会有什么样的改变？

"我知道自己与对方并不适合携手走入婚姻，但我选择继续停留一段时间，因为我还没有做好准备，等我准备好了，我自然就会启程离开。"

"我不喜欢目前这份工作，但我选择继续做下去，等到有合适的机会出现，我会换一份我更喜欢的。"

"我选择"依然是一种将选择权夺回来放在自己手里的有效声明。

这3个字是在告诉我们，不管面对什么处境，我们始终有选择权，我们虽然改变不了已发生的事，但我们可以选择以什么样的方式去诠释和应对它。

第三句话：把"为什么这件事发生在我身上？"变成"这件事教会了我什么？"

当一些我们不愿意面对的情况出现时，比起不断反刍"为什么这件事发生在我身上？"试图改变根本不可能改变的过去，不如问问自己"这件事教会了我什么？"将关注点放在现在及将来。

与此同时，这句话也试图告诉我们一个事实——那就是，你生命中遇到的每件事，不是偶然发生的，它们都有其存在的意义，都是为了帮助你更好地成长和觉醒。

我们如果遇到一件看似糟糕的事，要相信它背后一定藏着一份成长"大礼包"，通过"这件事教会了我什么？"我们得以发现这份礼物的内核。

这时候我们应采取感恩的态度去迎接每一次生命传送的"大礼包"，而不是自怨自艾，陷在痛苦里难以自拔。

第四句话：把"为什么我会吸引这样的人？"变成"这个人的到来是在提醒我什么？又教会了我什么？"

当我们遇到一些伤害自己的人时，常常会反复叨念"为什么我会吸引这样的人？"不断自我怀疑，徒增烦恼。

这个时候，如果我们尝试问问自己："这个人的到来是在提醒我什么？又教会了我什么？"就会发现，生命旅途中遇到的每一个人都是我们的贵人和摆渡人，他们之所以在当下这个时间节点出现，和我们互动，对我们产生一些刺激，都是为了提醒我们，还有一些功课需要去面对。

第五句话：把"我会遇到什么障碍？"变成"我会完成

什么功课，获得哪些成长？"

当我们面对一些麻烦和棘手的事情时，会下意识地想要逃避。因为我们会预设很多挫折和障碍，于是不去采取行动，开始长久内耗。

如果在这个时候，我们停止问自己："我会遇到什么障碍？"而是问自己："通过这件事，我会完成什么功课，获得哪些成长？"我们就会意识到，比起会遇到的困难、挑战、失败，实实在在地迈出第一步更重要，因为不管结果如何，只要迈出了这一步，我们的边界就会被拓宽，就会增长些许见识，获得一些成长，而这些都比在原地踏步地内耗要强。

当我们把关注点放在越过困难、挫折之后的收获上，就会获得力量去面对接下来的挑战。

大家可以先把这几句话抄下来，每天下意识地调整自己对事件的叙述方式。

从心理学的角度来说，我们的信念和言语是互相影响的，当我们选择用正向的言语来看待、表述一件事的时候，就是在朝着正向的信念靠近，当正向的言语成为一种习惯，旧有的限制性信念也会调转方向，被打破而重塑。

你就是你的信念系统

限制性信念来自我们深不见底的潜意识，它是潜能释放的开关，也是命运的底层代码，是大部分问题、烦恼的根源。

不幸的人生，底部一定堆积着无数限制性信念；而自由富足的人生，一定是建立在强大的正向信念的基础之上的。

而限制性信念又是如此隐蔽，在工作生活中、在人际关系中，它几乎时时刻刻都在发挥影响。

如果我们没有觉知，无意识地被头脑中的念头、情绪、心智模式裹挟，就像一个提线木偶，被自带的原生脚本操纵奴役。

荣格曾说过一句话：除非你把无意识变得有意识，否则它会操纵你的人生，而你将其称之为"命运"。

一个人的"自我"就像一座冰山一样，我们能看到的只是表面很少的一部分——行为，而更大一部分的内在世界却藏在更深层次，不为人所见，恰如冰山的水下部分。

而限制性信念就是冰山藏在水面之下的部分。

我们工作、生活、恋爱中遇到的各种问题，都是浮在冰山上的看得见的部分，如果我们不去探索冰山在水面之下的部分，那么相似的问题会反反复复冒出来困扰你。

例如，最常见的限制性信念通常有以下几种：

"我不够好""我不配得""梦想和赚钱是不可兼得的""我无法掌控自己的人生""我是一个很无趣的人""我无法过上我想要的人生""世界上根本就没有灵魂伴侣""我不值得被爱"……

这些限制性信念，就像是一扇扇牢固的铁门，将我们困在一个由自己打造的牢笼里，无法获得更自由、更广阔、更幸福、更成功的人生。

那么，限制性信念是如何运转的呢？在我们的生命中，它是如何发挥重要影响的呢？

这里要引用心理学的一个现象——"自证预言"。

当一个人相信自己不配得的时候，面对一个很好的机会，他第一反应是"这个机会怎么会落到我头上？背后一定有什么阴谋陷阱"，于是开始关注机会背后的陷阱、挑战和风险，从而拒绝这个好机会，或是在这个过程中无意识地做出破坏行为，直到最后真的错失了这个机会，那时，他就会更加相信这个限制性信念，那就是——我不配得。

信念决定了我们的思维模式和关注焦点，而思维模式决定了我们的语言及采取的行动，最终，我们的行动决定了结果，而结果再次验证了我们内在的信念。

这就是大多数人口中所谓的命运。

限制性信念是怎么产生的呢？

你可以留意一下脑海中常常"播放"的声音，尤其是当你感到挫败、沮丧、愤怒、被拒绝的时候，它在说什么？

这个声音是不是听起来很耳熟，它就是你很小的时候，父母、长辈、老师常常在你耳边念叨的话语和对你做出的评价。

比如小时候，你的父母常常拿你和别人家的孩子比较，你就会真的相信"我不够好""我不够优秀"。

如果小时候，你父母对金钱有很强的匮乏和焦虑感，每天在你耳边念叨着"我每天累死累活赚钱养你有多么不容易"，那你就会相信"赚钱是很辛苦的"。

而小时候的我们是没有辨别力的，于是这些限制性信念从很早的时候就钻进了你的潜意识里，吸引各种同频的人、事、物来配合你演出一场名为"命运"的戏码。

限制性信念是你目前所遭遇的关系、事物、境况的种子，外在的一切怎么发芽、开花、结果，完完全全取决于这颗种子的品质。

你无法创造一个和自己内在信念不匹配的人生。

种子没有发生变化，外在的境遇也难以得到改善。

这也是为什么很多人虽然头脑里知道该怎么做，行为上却持续摆烂的根本原因。

你明明知道对方并不是真心对你，但你依然选择和对方在一起，因为你的内在相信自己是"不值得被爱""不配得到更好的伴侣"的。

你明明有自己热爱的事情，却依然选择一份没有价值、没有意义，但薪水较高的工作，因为你固执地相信"做自己热爱的事情是赚不到钱的"。

所以，改变命运的关键在于——改变你的信念系统。

当下藏着改变的力量，只要你决定从现在这一刻开始，不再无意识地认同过去那些阻碍你、限制你、破坏你的限制性信念。

带着觉知，主动拥抱那些能够让你获得更积极正向的信念，你就已经在向更丰盛的人生迈步。

要知道，过去的信念决定了现在的你，而现在你所拥抱的信念决定了未来的你。

分享一个在教练对话培训中做过的"抓老虎"游戏，"老虎"就是我们的限制性信念，我们的限制性信念并非无迹可寻，它会躲藏在我们无意识的表述中。

当你在和朋友聊天或者阐述一件事情的时候，如果发现以下几种表述方式，就要注意了，这些表述里很可能藏着你的限制性信念：

第一类表述:"我相信""我认为""我的观点"。

"我认为世界上没有灵魂伴侣,都是各取所需。"

这句话藏着的限制性信念——我不相信灵魂伴侣的存在。

第二类表述:"必须""除非""永远""不得不""肯定"。

"除非赚到足够多的钱,我才有资格追求自己的梦想。"

这句话藏着的限制性信念就是——有钱了,才有资格追求梦想。

第三类表述:"如果……就""因为……所以""只有……才"。

"我只有足够优秀,才会有人爱我。"

这里面的限制性信念是——我被爱的前提是我足够优秀。

一旦抓到了这些限制性信念,我们就可以从心底种下正向积极的信念替换它。

"我不配"转变为"我配得上一切美好的人和事"。

"热爱和赚钱不可兼得"转变为"我能够通过热爱得到足够的财富"。

"我无法掌控自己的人生"转变为"我是我人生的船长,我决定我人生行进的方向"。

"我无法过上我想要的生活"转变为"我想要的生活正在我面前徐徐展开"。

"世界上根本没有灵魂伴侣"转变为"我最终会和灵魂伴侣相遇,并幸福地生活在一起"。

"我不值得被爱"转变为"我值得被人好好对待和疼爱"。

"我是不被祝福的"转变为"我是被宇宙深爱和温柔呵护的。"

当一颗正向信念的种子种下去的一刹那,命运之轮就此发生逆转,所谓"我命由我不由天",这就是一次信念系统的打破、重塑。

这个过程很痛,因为我们必须离开自己的安全地带,质疑、打破、抛弃那些陪伴我们几十年的限制性信念。而一旦我们更换了信念系统,收获的将是更为自由、富足和辽阔的人生。

找到属于你的那根管道

如果你现在感到迷茫,找不到方向,觉得自己的工作没有什么价值和意义,感觉人生仿佛少了点儿什么,心里空落落的,很久没有体会过那种充满热情和激情的生命状态了,那很有可能,你还没有找到属于你的那根管道。

每个人都拥有属于自己的那根管道。

这根管道是我们和自己、他人、这个世界,甚至是和宇宙建立连接的通道。

管道多种多样,它可以是写作、绘画、音乐、摄影、瑜伽、舞蹈、诗歌、表演等一切具有创造性的活动。

但愿你能找到属于你的那根管道。

它是你的灵魂和你对话时使用的语言,是你的内心和他人的内心产生共振的频道,是接收宇宙慷慨启示的通道。

它使你内在的热情和旺盛的表达欲有了栖息之所,使你躁动不安的灵魂得以平静。

它为庸常生活加了一层滤镜，把枯燥无聊的日子变得妙趣横生。

它将你和行尸走肉区别开，打开了你对事物、对他人的敏锐触角。

它是你手中杀伤力最强的武器，能够突破戒备和防御直抵人心。

它是你选择沉浸式体验人生的方式，你可以用它表达自我、创造价值、放大影响力。

一旦你找到了那根管道，就如同拥有了一件世界上最好玩儿的玩具。

你的生活不再暗淡沉寂，即便是同样的日常，你也能从不同角度去感知它。

你的内心会变得无比丰盛，所有的经历都会被用来拓宽你的感知体验，成为你创作的丰沛素材。

我很幸运，在 21 岁那年找到了属于自己的那根管道。

那一刻，我沉睡的灵魂慢慢睁开了眼睛，感知力"嗒"的一声，突然被打开了。

我突然能够嗅到空气中若有似无的撩人花香，听到夏夜里埋伏在草丛中此起彼伏的蛙叫。

音乐会勾出我内心隐匿已久的情绪，就连傍晚邂逅的落日也会让我泪流满面。

我开始学习细细咀嚼孤独的味道，我好像第一次看见了自己，而此前的时光仿佛黑白老电影一般，乏味又漫长。

那时，我的灵魂仿佛沉睡过去，同样的路途、落日和夏夜，从前的我常常视若无睹。

一直以为我是一个寡言少语的人，直到找到了那根管道，我才发现，我是一个有旺盛表达欲、内心丰盈、灵魂富足的人。

我一直以为自己一无是处，平凡得常常被人遗忘，直到找到了那根管道，我才开始发光，被更多人看见和欣赏。

我一直以为自己钝感力强，总是后知后觉，直到找到了那根管道，我的触角才被打开，感官变得前所未有的敏锐，再细微不过的事物也能在我的内心掀起巨浪。

我一直嫉妒别人比我优秀、比我强，直到找到了那根管道，我才发现，在写作这方面，我拥有他人望尘莫及的灵气和天赋。

我一直以为自己脆弱渺小，直到找到了那根管道，我才明白，原来仅仅靠诚实地书写内心，就能拥有治愈他人的能力。

我好像突然找到了一个和自己、他人、世界乃至宇宙打交道的媒介。

通过写作，我将生活经历、内在感悟、自我表达、创造影响力、给他人带来价值糅合串联在了一起。

不知不觉，借着那根管道，我从一个默默无闻、黯淡、迷茫的小透明，蜕变成了一个自信、有底气、闪闪发光的人。

所以，你们要去找到属于你的那根管道，那根管道就像是一件武器之于一名战士，一杆笔之于一名作家。

如果你已经找到了，那么你现在就可以用它来创作、表达，发出属于自己的光芒。

如果你还没找到，也别心急，以下3个问题能帮你找到属于你的那根管道：

当有情绪和强烈感受的时候，你习惯用什么方式来发泄、疏解？

当你在用什么方式来表达自己的时候，别人会被你吸引？

当做什么的时候，你很容易进入心流状态，收获内在的满足感和愉悦感？

你要相信，每个人生来都拥有一条属于自己的管道，只是因为后天的教育、驯化和选择，导致我们遗忘了如何去使用这根管道。

一开始使用的时候，也许你觉得不那么顺畅，那是因为这根管道长期闲置而被堵塞、生锈，只要你持续不断地使用它，它就会成为你最顺手的工具。

这根管道，就是一根连接你和他人、世界、宇宙的脐带。

相信你最终会找到它，找到它的那一刻，就会明白你内在丰沛的生命力会在哪里疯长，人生的价值意义坐落在哪里，你的影响力会如何一圈圈扩大。

如何获得充沛持久的生命力

去做有生命力的人吧,这样你想要的都会到来!

如果有人问我,什么是值得终身追求的,我的回答一定是——生命力!

生命力高于一切,它比金钱、容颜更重要!

因为它能召唤这些东西,它是一切绽放、富足、自由的源头,也是一切可能性和丰盈人生的起点。

生命力强的人,可以在任何领域显化他想要的一切。

想要变美,去解放你的生命力,这样你的眼神会越来越清亮,你的笑容会越来越有感染力,你什么都没有变,但你的确越来越迷人了。

想要链接高频的人,去解放你的生命力,这样你的能量越来越高,内在越来越丰盈,活得越来越自由通透,越是高频的人越能识别你身上的气息,主动靠近你。

想要滋养的亲密关系,去解放你的生命力,这样你就会越来越能自给自足，充满爱和能量，去给予而非索取，关系会变得越来越松弛、滋养。

那么，生命力藏在哪儿呢？

一、生命力藏在你内心的召唤里

生命力是一种潜藏在心底的冲动和渴望，你需要将它释放出来。

如果你想要写一本小说，你就去写，别管有没有市场，有没有人阅读。

如果你想要拍短视频，你就去拍，别管自己好不好看，熟人看到会怎么评价。

生命力需要被表达和呈现。

你要用你擅长的方法去表达和创造，去画、去写、去拍、去舞动，用它和世界互动。

你要把你内心的声音奉为最高权威，只要你愿意遵循内心的旨意，你的生命力就会源源不断涌向你。

二、生命力藏在你的冒险里

每一次当你做了以前不敢做的事，尝试了以前不敢尝试的运动，去了没去过的地方，你都能够体验到一种肾上腺素飙升的新鲜刺激感。

这是你的生命力在喷发。

人在同样的地方待久了，就会变得懒洋洋。

滚石不生苔藓，生命力需要折腾和流淌。

它需要被陌生的地方、新鲜的体验点燃。

所以，你要勇敢面对你的恐惧，抛弃你的安逸，走出你的舒适区，一点点撑开边界，去探索、去冒险、去闯。

去哪儿？

就去没有"天花板"的地方，去少有人走的小路上，去漫无边际的旷野……

三、生命力藏在你的真实自我里

你的生命力不容自欺。

每一次你对自己不诚实，都是在扼杀你的生命力。

喜欢就是喜欢，悲伤就是悲伤，愤怒就是愤怒。

想要就去争取，被攻击了就去反击。

不要掩盖，不要回避，也不要否认。

永远忠于自我，臣服于内心的感受。

生命力需要被坚定选择。

在每一次的人生岔路口，你是选择迎合外界、他人的期待，还是选择忠于自我，都决定了你的生命力是走向黯淡萎缩，还是走向蓬勃生长。

四、你的生命力藏在你的阴暗面里

你抗拒什么，说明你急需迎回什么。

你抵触评判什么，说明你需要接纳什么。

在生命力的评价体系里，没有二元对立，没有好坏对错。

恨的背后是爱，愤怒背后蕴藏着力量，嫉妒背后蕴藏着想要变好的欲望。

阉割阴暗面，就是在扼杀你的"黑色生命力"。

你的生命力一直都在，它就像被你遗弃的孩子，等待你的注视和拥抱。

生命中所有你渴望的一切，都是被创造出来的。

事业、财富、亲密关系、魅力、人脉，等等。

它们就像一颗颗种子，需要源源不断地灌溉。

而生命力就是那股永不枯竭的水源。

所以，跟着你的生命力走，才不会出错。

生命状态是最好的显示器

如何判断我们当下的选择是否正确?

不妨审视你当下的生命状态。

你可以观察一下镜子里的自己,是神采奕奕,还是神色黯淡,是美了,还是丑了,身心是敞开的,还是封闭防御的。

你的生命状态是不会欺骗你的,它会诚实地向你反馈——你有没有走在对的那条路上。

一、换工作

我在大理旅行的时候,认识一位小姐姐,和她聊得很开心。

她跟我说,自从做了现在的工作之后,每天都是凌晨一两点才回家,狗狗因为工作繁忙被送回老家了,周末哪儿也不愿意去,只想在家里睡觉。

朋友都跟她说:感觉你以前是一个很有自己想法的人,

现在的你好像被磨平了棱角，没有了自我。

那一刻，她突然发现，是啊，她感觉这两年自己仿佛陷入了某种停滞的状态中，没有了以前那种活力。所以，她之前在思考要不要换工作。

我对她说：你的生命状态已经告诉你答案了。

当发现在一份工作中，你失去了创造力，没有了活力，被困住了，仿佛陷入了泥沼，精神越来越萎靡，这是你的生命状态在提示你——该挪动一下，换个地方了。

二、原生家庭

我有个大学室友，每次寒暑假从家里回来以后，她整个人的状态就非常萎靡郁闷，心情也变得低落。

起初我并未关心，后来发现，不仅是回家，只要每次和她妈妈通电话，她整个人也会变得非常暴躁、戾气重，能量状态一下子就消沉了。

她妈妈仿佛是一个能量黑洞，只要她一靠近，就会不自觉地被裹挟进去。

如果你每次过年、过节一回家，整个人就感到萎靡、抑郁，而一离开家，就慢慢恢复了。

注意了，这就是你的生命能量状态在告诉你——这个环境会损耗你，赶紧远离。

尤其是负能量很强大的原生家庭，对人的损耗是非常大的，在你没有足够稳固的内核的前提下，它会拽着你一起坠落。

就像你从深渊中被磨出血泡，好不容易一点点爬到出口，一不小心又被拽回去，跌入深不见底的深渊。

三、亲密关系

有一段时间，我和一个男生约会，过程非常拉扯、内耗。

我跟朋友聊天的时候，调侃说：你看，我现在内核修炼得多么稳，不会再因为对方晚回微信，不能跟我一起过节而患得患失了。

而朋友只是安静地看着我，说了一句话，让我瞬间泪崩。

她说：你修炼得好不好我不知道，我只知道，你现在不快乐，你的眼神一点儿也不幸福。

我的另一个朋友跟我说：我最近也会刷到你的视频，感觉你的眼神好像更冷了，防御性更强了，没有以前那么热情洋溢了。

我突然意识到，不管我多么努力地为这段关系找借口，自我洗脑，当我身边的朋友都看出我不幸福的时候，我就知道这段关系该结束了。

四、朋友

和不同的朋友在一起，你的情绪、能量、状态也是不一样的。

和有的朋友聊天，你会觉得身心的皱褶被温柔地抚平，内心的脆弱不安被温柔地包裹。

和他们一起，你感觉自己从皱皱巴巴的人变成了一个温柔、慈悲、沉静、舒展的人。

而和有的朋友在一起，你的动机会被恶意揣测，时不时感觉到被伤害了，不知道为什么，和对方见面聊天的过程中，你内在的负面性会不自觉地被激发出来。

和对方相处久了，你会不自觉地沾染对方身上的气息，变成你讨厌的那个样子。

这些不同的生命状态就是在告诉你，你应该靠近哪些人，远离哪些人。

工作、原生家庭、亲密关系、朋友是我们最重要的能量供给系统，就像我们内心花园的 4 块土壤。

当你觉得一个人在绽放的时候，背后一定是有滋养她、灌溉她、支撑她的土壤。

当你觉得一个人变得枯萎的时候，背后也一定有损耗她、克制她、拉低她的土壤。

一个人是不会无端绽放的，也不会莫名凋零。

你内在的智慧和灵魂一直在默默关照和庇佑你，它们会通过你的生命能量状态为你指引方向——走在哪条路、和什么样的人同行才是对的。

食物链的顶端是高能量

生活中有一种人特别有魅力,男人女人都会为之倾倒,忍不住想要靠近。

那就是高能量的人。

高能量的女孩,就像太阳,全身都散发着无与伦比的耀眼光芒,走在人群中,会被一眼注意到。

她不一定长得多漂亮,身材多么好,多么会穿搭,但就是能够吸引所有人的目光。

你会发现,当我们走进一个陌生场合时,人类的动物本能就是能够第一时间找到人群中最高能量的人,然后不自觉地向她靠近。

低能量的人仰望她,想要成为她,因为她如此自信又有活力。

高能量的人想要亲近她,和她成为朋友,因为她如此迷人又特别。

人类的本质就是慕强,在所有群体中,人都会不自觉地追随那个最强大、最有力量的人。而高能量，是比财富、身份、地位更加直观的展现。

高能量女孩通常具备以下 4 个特征：

一、有掌控感

不管面对什么问题，她都是一副"我能搞定"的样子。

她永远采取正面迎战的姿态，从不回避，也不半路逃跑，超级无敌相信自己。

她对自己的工作、生活和亲密关系充满掌控感，不是因为她运气好，而是当意外、麻烦来临之际，她知道自己最终都能搞定它，不管姿势狼狈抑或优雅。

她并非生而无畏，只是她愿意直面生活中的每一个"不敢"，在一次次和更强、更可怕的东西碰撞之后，将自己锻造得越发强大。

二、正向思维

不管遇到什么糟心事儿，高能量女孩总能找到积极正面的角度去诠释。

她从来不会问"为什么这件事会发生在我身上"，她只会问"这件事教会了我什么""命运这次又送来什么礼物"。

面对一个具有挑战性的机会，她很少说"我不行"，而是兴奋地说"我来试试"。

你很少听到她的叹息和抱怨，因为负面的感觉和话语只会吸引更多消极负面的事儿。

不是好运青睐于她，而是她总有把坏事转化为好事的本事和魔力。

在她眼里，根本就没有坏事儿，一切看似糟糕的事情背后都藏着彩蛋和惊喜。

三、执行力强

想到什么就去做什么。

不内耗、不纠结、不自我怀疑和自我否定。

她很少在意别人的目光，也从不理会别人怎么想。

人生实在是太过短暂，还有好多有意思的事儿等待她去探索。

她没有时间犹豫，也来不及后悔。

一次次飞跃舒适区，撞破天花板。

对她而言，人生没有边界，生命像一锅老汤，越熬越有滋味。

很多人把想做的事儿变成了遗愿清单，把去某个地方旅行、学习某样乐器、体验某项运动无限期推迟。

只有她，把一个个计划完成、一件件想做的事儿落地，有滋有味，活得滚烫。

用想做就做的行动力，提高了生命的浓度。

她就像一杯烈酒，只能和最精彩绝伦的人生搭配食用。

四、活在当下

她的内心对所有人打开，而所有人也不自觉地对她打开内心。

她的感知力敏锐而丰富，总能够捕捉生命中那些习以为常的小确幸。

天边排队迁徙的浮云，夏夜在地上"葛优躺"的猫咪，出租车上偶遇的一首老歌。

都能让她的内心泛起涟漪。

她的情绪无比流动，只要她想，就可以和万物联结。

你很少在她身上看到焦虑和压力，她像鸟儿一样轻盈快乐。

当所有人都在埋头赶路时，只有她充分活在当下，因此，过去和未来不再困住她。

世界对她来说是有趣好玩的，而她习惯毫无保留地梭哈，在人生的游乐场里恣意玩耍，不瞻前顾后，也不在乎结果，却总是有意外收获。

第四章

向内生长

现实世界的扎根和心灵的攀登同样重要,当你准备好了,请凶猛地向内生长。

不要害怕告别和失去

永远不要害怕告别和失去。

不管是友情、爱情，还是工作、生活方式，都是如此。

因为前方永远有更好的、更美妙的关系和体验等待着你。

所以，如果你困在一段很痛苦、让你内耗的关系中，一定要下定决心走出来，给自己一个机会，去迎接新的人和事的到来。

人生就是清空和更新的艺术，你不把烂掉的关系、糟心的破事儿给清理掉，就没有空间去迎接好事和惊喜的到来。

自从结束了一段长达6年半的恋爱之后，我的生活进入了一种短暂的混乱无序的状态，但是度过了那段煎熬的时期之后，我的人生被彻底打开了。

以前我不敢分手，因为我担心自己不会遇到一个比他更爱我的人，担心找不到能和我彻夜聊天的灵魂伴侣，担心熟悉的一切都会离开我。

分手之后，我发现我的确失去了一个恋人，但我获得了更多——有更多时间去发掘新的兴趣爱好，跳阿根廷探戈、摇摆舞，学习颂钵疗愈、正念冥想。

我的心里也有更多空间容纳新的人进来，和同频的朋友建立深度的联结，和心动的男孩子约会。

我的人生一下子开阔了，就像从一个隧道里面爬出来，奔向了旷野。

所以，不要害怕失去和告别，生命准备了更丰盛的礼物在等待你。

你就像一个容器，这个容器里面装着各种各样的东西，你的朋友、恋人、家人、事业，等等。

但是，容器只有那么大，能够装的东西是有限的，有的时候，我们会牢牢抓住一些关系不肯放手，宁可让它在内心烂掉发臭，每天影响心情，却也舍不得把它清出去。

可是，你如果不把它清出去，你就没办法去迎接生命给你准备的惊喜和礼物，因为你的内在已经没有了多余的空间了。

所以，我现在一点儿也不怕告别和失去，因为我知道，前方永远有我意想不到的惊喜在等着我。

如果你永远抓着过去的东西不肯放手，你也就是在拒绝新的开始和丰盛的礼物。

我是7月来到大理旅居的，来大理之前，我有些许伤感，因为需要告别好多在上海的朋友、好不容易建立起的生活秩序，甚至我喜欢的男孩子。

来到大理这一周，我惊叹于生命不断派送的礼物，令我应接不暇。这些礼物好像是给我敢于告别一座城市、一种生活模式的奖励。

一个00后的女孩子在咖啡馆帮我找回了初心，她问我：你还记得你拍第一条视频的时候，在想什么吗？是什么驱动你去做这件事？

我回答说：因为我内心有一些东西必须说出来，我觉得如果不说出来我会不甘心，不管有没有人听见，我就是一定要说出来。

她说：你要永远记住这个感觉，这样你就不会迷失自己。

在这里，我遇到了我的"灵魂家人"，虽然我们来自不同的地方，有着不同的背景，但却有着高度契合的心灵、仿佛相识很久的熟悉感、莫名其妙的信任感，因为他们，我在这座城市拥有了某种归属感。

每次寂寞难过的时候，我就会骑着我的小电瓶车，放着音乐，行驶在214国道上，任阳光把发霉、发暗的回忆蒸发掉，任洱海的风把悲伤、难过吹干，在大自然的包容中，过往的皱褶被一点点抚平。

我终于邂逅了我的"梦中情房"，身处其中，清晨拉开窗帘，就能看见窗外10米远处被秋天染黄的银杏树。我躺在毛茸茸的地毯上，一边看书、工作，一边等着和煦的阳光映照脸庞。

我想，假如我没有与上海的生活告别，我就不会来到大理，和那么多新鲜、丰盛的人和事邂逅。

所以，朋友们，不要害怕告别，也不要害怕失去。

永远有更鲜活的、更丰盛的、更好的礼物在前面等着你。

每一次告别和失去，都像是一次清空，它不过是在告诉你——提前把容器里的空间腾出来，准备迎接更美好的礼物来到你的生命中。

成长就是"背叛"父母,"杀死"过去的自己

30岁,我好像终于把自己"揉捏"成理想中的样子。

如果你认识20岁的我,你大概觉得她与30岁的我是两个截然不同的人。

以前的我胆小、依赖心重、喜欢逃避、敏感脆弱、害怕权威、自卑软弱,不懂和异性相处,是个有着讨好型人格的小透明。

现在的我,拥有了好多和我同频、能与我深度链接的朋友,做着热爱的工作,用自己喜欢的方式养活自己,成为不受时间、空间约束的数字"游民",准备开启渴望已久的旅居生活,解开了一层又一层枷锁,完成了一轮又一轮的内在功课,经常会听到别人说"好羡慕你的生活""好想活成你的样子啊"。

我想告诉你的是,不管曾经的你、现在的你是什么样的,只要你愿意,你就一定可以重塑自己,把自己打磨成你渴望

的模样。

我非常喜欢一个词叫作"不破不立"。

你会发现那些人格独立、内心强大的人，一定在别人看不见的地方打碎过自己无数次，然后忍着痛，把自己一点点"揉捏"成期待中的样子。

人生需要"破坏性"。

一个人要超越原生家庭的限制，超越性格的短板、人性的弱点，就要舍得对自己下狠手。

要有不放过自己的严苛狠厉。

直面自己的脆弱、卡点和恐惧。

不破不立。

第一步：破

"破"是指拆除旧有的大厦和秩序。

你要意识到，那些从原生家庭中继承的限制性信念、不健康的生活模式不是你与生俱来、非要不可的。

如果你的母亲控制欲过强，在她的控制和照顾中，你变得越来越虚弱。

那么，你要下定决心离开母亲的庇佑和事无巨细的照顾，学习如何承担自己的人生。

如果你的父亲在你小的时候常常缺席，长大以后，你会盲目地在亲密关系中找寻父亲的替代品。

这个时候,你要直视内心的匮乏感和不配得感,忍着空虚寂寞,学会爱自己。

你必须"背叛"父母,"杀死"过去的自己。

你需要时时刻刻保持警惕。

检视自己身上父母遗留下的"痕迹"。

把好的部分留下,把坏的部分割除。

要勇敢正视你性格中的那些弱点、缺陷和不好的习气,不要放纵自己,一点点把它们修正好。

如果你习惯逃避,在觉察到这个倾向之后,就要忍着不舒服,摁着自己的头,逼自己去面对那些不想面对的。

如果你有讨好型人格,那就在下一次和别人的互动中说NO,看看会发生什么。

如果你没有主见,那就克制询问别人的冲动,学着自己做决定,并为自己的选择负责。

不再给自己找借口,不再把责任推给他人。

一点点改造自己。

痛吗?

当然,就像你必须把那块和你共存多年的腐肉剜掉。

我们都知道问题在哪里。

但大多数人选择视而不见,让腐烂的地方继续溃烂。

剜掉腐肉需要极大的勇气和毅力。

你要时时刻刻和过去的习性做对抗,咬紧牙关一点点把自己拽出来。

这个过程不能懈怠，因为稍不注意，你就会滑落到过去的泥淖中，功亏一篑。

过去 10 年的人生里，我一直在做的事就是——

剜掉那些烂掉的腐肉，再慢慢等待伤口痊愈。

第二步：立

"立"，就是重塑自己。

重建自己的性格，重置自己的信念，重写命运的脚本。

首先你得知道什么是正确的。

那就去书里，去你欣赏的人那里找路标。

我有很多老师。

书里的老师，露易丝·海、奥南朵、迈克尔·辛格、埃克哈特·托利、朗达·拜恩、弗洛姆、武志红、李安妮、张德芬、庆山、素黑。

他们稳定而强大的能量、锤炼多年的智慧，透过文字，传递到我身上。

我的生活中也有很多老师。

我的疗愈师、塔罗牌师、催眠师、教练，还有很多同频的朋友们，和他们每个人的联结都会让我有所觉察，深受启发。

他们就是那一个个路标，遵循他们的指引，沿着他们的足迹，就能抵达你渴望的远方。

先破而后立，只有将旧的根刨掉，种下新的种子，持续不断地浇水施肥，慢慢地，在那片荒芜的废墟之上，会开出漫山遍野的花。

这是一个漫长的过程。

我们不可能一个跟头就翻到目的地，只能一步一个脚印地慢慢抵达。

这条路我花了 10 年之久，你们可能会更快，也可能更慢。

但都不要紧，重要的是，我们已经在觉醒和蜕变的路上。

要知道，强大的内心、独立的人格、丰盈的能量都来自"不破不立"。

一个人只有拥有"背叛"父母、推翻过去、"杀死"自己的勇气，才能赢得重建内心、重塑自我、重写命运的契机。

底盘不稳，扎根不深

我发现很多深陷情执的女生都有一个共同点，就是底盘不稳，扎根不深。

以前我也一样，好像冥冥之中自己一直在寻找一个东西，这个东西就是无条件的爱，内心里有个巨大的空洞等待被填满，在情爱里反复打转，生命力、能量、心力被耗费在无休止的寻觅和纠缠中。

仿佛此生唯一目的，便是找个良人。

有了良人，匮乏的心从此被填满，人生便有了依托。

后来发现，情执的解药不在情爱中，而在扎根的过程中。

你想想，多少次，你放任情感泛滥而影响自己本来的节奏和秩序。

多少次，你把全部的注意力、心力放在对方身上，结果满盘皆输。

又是多少次，你用感情中的烦恼蒙蔽自己，不去正视生存议题。

<u>女性的命运，需要的不是爱的救赎，而是向下扎根。</u>

下盘不稳，扎根不深，就会像浮萍，任由命运欺凌，毫无反击之力。

在情爱中不断沉沦，越陷越深。

那些喜欢去找塔罗牌师占卜自己还会不会和前任复合、找命理师测算自己未来的老公有没有钱的女性，沉迷于研究"双生火焰""灵魂伴侣""前世今生"、不断加深自己情执的女性。

实则都是在逃避。

她们试图用情爱的课题来掩盖生存的课题。

宁愿将大部分能量用来"搞"男人也不愿意搞事业。

然而，一棵大树之所以枝繁叶茂，是因为它努力将自己的根向下延伸，不断汲取养分。

女性的生命力同样如此。

只有正视自己真正的课题，踏踏实实迈出每一步，打好地基，一砖一瓦建设属于自己的大厦，人生才能不断绽放。

那么，什么是向下扎根呢？怎样才能扎根呢？

扎根，是我们在物质世界中安全感的来源。

是我们的天赋、热情、能力、智识的显化。

是我们和世界、和他人互动所带来的能量流动。

女性要扎根，必须抛下不切实际的幻想，破除对情爱的痴迷，克服等人救赎的惯性。

真正把自己的生命力投注到自己的事业中，持之以恒，加以浇灌。

你问问自己：一天当中，真正投入了多少心力在自己的事业中？

面对挫折困难，你有多少次想的是"算了吧"，而不是"我一定要把它搞定"？

对于不断损耗心神的烂人烂事，你有多少次能够果断拒绝，并收回自己的注意力？

你认为自己需要的是一个良人，是爱，是陪伴，是亲密无间，是彻夜的聊天。

但你真正需要的是扎根，是专注，是创造，是快速行动，是埋头做事，是赚更多钱，是拥有更大的影响力。

在我们向下扎根的过程中，每当解决一个问题，收获一次正向反馈，你都会感觉到力量感、掌控感、秩序感、笃定感慢慢从身体中生长出来。

你和这个世界有了更紧密的联结，你无比清楚在这片土地上有了自己的一席之地。

我们经常提倡的内核稳、自洽、松弛感、自信都不是凭空拥有的，这些是从扎根过程中获得的附加值。

没有扎根的人格魅力，是虚浮的，经不起敲击。

向下扎根，才能更好地向上生长。

底盘稳了，内核就稳了；内核稳了，感情也顺了。

你从和世界的博弈中获得了自己的坐标。

从此，你知道自己是谁，能够做什么，价值为何。

于是拥有了一个人行走于世间的底气，以及不怕失去任何人的从容淡定。

所以，向下扎根，加固底盘，才是你前半生的主线任务。

我们的人格魅力、亲密关系、渴望的生活，等等，就像大树的枝丫，只有根扎稳了，枝丫才能更好地生长。

恐惧背后蕴藏着巨大的惊喜和礼物

如何让一个人快速强大起来？这里有一个锦囊供你参考，就是去做让你感到恐惧的事。

恐惧背后蕴藏着巨大的惊喜，这个惊喜是自由，是力量，是丰盈，是生命力和活力。

如果你觉得自己的人生被恐惧困住了，渴望拥有一种更富有生命力的生活，那我想邀请你一同去探索恐惧背后的世界。

一、把自己拐进恐惧的环境里

我曾经很社恐，只要在人多的场合，就会后背发汗，想找个没人注意的角落躲起来。

直到某一天我受够了自己的社恐。

我不希望我的余生被困在社恐的牢笼里。

于是我报名参加了一个线下交友活动。

我知道在我做自我介绍的时候，所有人都会盯着我，而我的脸会发红，心跳会加速，后背会出汗，这些都是社恐的典型症状。

但好在，这个症状不会致死。

意外地，那天我格外活跃，说了很多话，我发现原来自己的表达欲那么旺盛。

随后，我参加了一场又一场线下活动，时而是分享故事的人，时而又扮演安静的倾听者。

直到参加了差不多10场活动之后，我发现我脱敏了。

我不再过度关注自我，也不过分在意别人的评价，我开始变得很松弛、自在。

如果当初没有勇敢迈出那一步，我不会认识很多同频的朋友，听到很多有意思的故事。

现在只要我愿意，我可以走向任何一个人，跟对方坐下来喝咖啡、聊天，"翻阅"别人的人生。

所以，关于恐惧，我想说的第一点就是，<u>如果你不想余生都被你的恐惧困住，请勇敢把自己扔进你最恐惧的环境中</u>。

如果你因为恐惧而止步不前，我可以很负责任地告诉你，你将错过人生中大部分精彩美妙的体验。

你害怕发表公众演讲，那你将错过表达自己的观点见解、在舞台上绽放、被人关注、获得他人主动联结的机会。

你害怕和他人起冲突，那你将失去坚持自我主张、说服和影响他人、捍卫自身利益、获得他人尊敬的机会。

人不会因为年龄的增长而变得黯淡，但会因为恐惧而失去活力。

所以，不要任由恐惧吓退你、困住你，你应该自由地奔向你想去的任何地方。

二、真正的恐惧来自你的想象力

我曾经害怕和异性相处，直到我报名学习阿根廷探戈。

参加体验课时，刚开始我便要和男生牵手、拥抱、跳舞，当时我面部笑容都僵住了，手心、后背全是汗。

但我知道，学探戈能够帮助我在异性面前放松下来。

于是我报了零基础班，把自己"扔"进了必须和异性有眼神对视、肢体接触的地方。

在上完 10 节课之后，我不再对异性过敏。

现在，我可以很松弛地和异性打交道，并借此提升了对身体的觉知。

曾经让我害怕的事，现在回头想想，真的没什么大不了的，而我竟然任由它困住我 20 多年。

所以，真正可怕的不是这件事本身，而是你对这件事的灾难性想法。

很多时候我们的恐惧就像一团迷雾。

我们的大脑会编织很多恐怖故事，告诉我们，迷雾背后藏着会吃人的怪物，迷雾下面藏着万丈深渊。

于是，我们把自己关在安全小屋里，不敢走出一步。

但是，迷雾背后未必就是悬崖，也可能是旷野。

我曾经看过米歇尔·奥巴马的传记，当时米歇尔在一家很有"钱途"的律所里工作，但她真正想做的是公益。

在她担心因做公益而失去丰厚收入和光明前途的时候，奥巴马对她说了一句话：

<u>你大可以一试，因为你不会死。</u>

这句话也想送给你。

当你想做一件事但没有勇气的时候，请问问自己：最坏的结果是什么？我能否承受这个结果？

如果你能承受，就去大胆尝试，因为你不会死。

三、恐惧背后藏着意想不到的礼物

我曾经害怕面对镜头，因为我觉得自己不够好看，普通话也不标准，我害怕别人指指点点，害怕有人恶意中伤。

直到 2021 年夏天，我终于鼓足勇气去面对镜头里不那么完美的自己，发布了第一个真人出镜的短视频。

再一次，我把自己"扔"进了恐惧的环境中。

通过短视频，我得到了越来越多人的关注和认可，很多机会向我涌来——被《奇葩说》导演组邀请面试，被新媒体大号采访，出版社编辑主动联系要寄书给我，MCN 公司发来签约邀请。

这些都是我做短视频之前从未预料到的。

所以,从我的亲身经历来看,恐惧背后藏着你意想不到的礼物。

当你勇敢突破名为"恐惧"的牢笼,你将会收到生命馈赠给你的礼物,这些礼物是你此前预料不到的惊喜。

当你在面对恐惧的时候,比起设想自己会遇到什么障碍和问题,不如多去想想战胜恐惧之后,你会看到什么样的风景,收获怎样的体验。

对成功画面的想象,会增强你的心力,提升你的行动力。

内心的力量来自哪里?来自大胆面对人生中的每一个"不敢"。

你害怕什么,就大胆去做什么,反正你不会死。

但凡让你害怕的事,你做过一次之后就会发现"不过如此"。

那些吓退你的事情,大多都是纸老虎。

但如果你一直逃避它,不敢看它,它就会变成你余生的梦魇。

而只要你戳破了它,它就会成为你化茧为蝶的催化剂。

你的人生边界,就是这么一寸一寸向外扩展开的;内心的力量,就这么一下一下锻造得愈发强大。

你的人生容错率比你想象的更大

想对所有女孩说一句话：你的人生容错率比你想象的要大得多！

所以，尽管去冒险、去折腾、去试错。你的人生不是玻璃做的，一碰就碎。你的人生是橡皮泥，随时可以打破重塑。

前阵子在大理旅行的时候，我们一行人搭车去云想山看日落，结果当天天气不好，同行的两个男孩就说反正来都来了，还不如玩玩山地滑车。

我和另外一个女生担心会遇到危险，便委婉拒绝了他们的邀请。

这件事儿突然让我意识到一个问题，那就是——女性对风险的耐受度可能远远低于男性。

而人对风险性的耐受度是具有一致性的，它不仅体现在选择游乐项目上，在人生各个选择上也都是如此。

那些选择体验更刺激的游乐项目的男生，在工作中也愿意尝试更具挑战性的工作，从而抓住机会。在恋爱上，他们也更愿意体验一段明知没有结果的感情，而不必担心年华虚度，真心错付。

而畏惧失败、抗拒风险的人，则会在工作、生活、感情世界中做出更安全稳妥，却也平淡无聊的选择。

因为害怕无法胜任，所以拒绝了工作上的好机会。

因为害怕没有结果，所以拒绝了和心动的人谈一场热烈的恋爱。

而风险意味着什么？意味着奔向更自由、开阔、新奇的旷野。

有姑娘跟我说，她"母胎"单身30多年，相亲过很多次，一直没有找到"合适"的结婚对象。

在她的潜意识里，认为找对象这件事不能出错，最好一步到位，仿佛只要选错了人，人生就会毁掉。

一个30岁的女生想要一两年内把自己嫁出去，担心错过了黄金生育年龄，担心再往后找到优质对象的可能性更低，害怕以后会孤独终老。

不知道为什么，在很多女生的潜意识里，人生就像走钢丝一样，禁不起一点冒险、挫折、打击。

可你们有没有想过，你的人生是可以重塑的，你人生的容错率比你想象的要大得多！

28岁的时候，我遭遇了年龄焦虑。

因为害怕错过黄金择偶期，担心年纪再大一点就会"贬值"，不好找对象。

后来我问自己：如果一辈子不结婚不生孩子，也没有房子，最坏的结果是什么？

我想了想，大概就是回到老家，住在我妈的房子里啃老。

"能不能接受这个结果？"

"能。"

于是我再也没有被年龄渐长这件事困扰了。

我辞职做自由职业的时候，问了自己一个问题：要是一两年之后，短视频账号没做起来，存款也花光了，最坏的结果是什么？

最坏的结果就是回到新媒体行业，找一份与内容创作相关的工作。

"能不能接受这个结果？"

"能。"

于是我就辞职，开始做短视频。

后来我遇到一个男生，他令我很心动，但我的潜意识里预见我们之间是没有结果的。

就在我为此内耗的时候，我还是问了自己同样的问题：

最坏的结果是什么？不过就是年华虚度，真心错付。

"那能不能接受？"

"能。"

于是我选择奔赴对方。

我开始一点点变得大胆而勇于冒险。我强烈地感受到，我的人生并没有我想象中的那么脆弱！

做任何决定之前，我都会问自己一个问题：最坏的结果是什么？能不能接受？

如果能接受，就不内耗了，直接去做。

孤独终老那又怎样？

至少年轻的时候，我无拘无束、自由自在，可以尽情折腾、尽情冒险。

即便短视频账号没有做起来那又怎样？

只要我想，我可以随时找一份工作来养活自己。

即便真心错付又怎样？

至少我体验了爱而不得，我的心会碎，但同样也会愈合。

我发现人生没有什么结果是我不能接受的，我可以随时为自己的选择兜底、买单。

于是我活得越来越大胆，越来越洒脱。

而生命回馈给我的是更精彩的故事，更丰盛的体验，更旺盛的生命力，更辽阔的世界。

所以，我想对你们说：

你不是一个只能任由命运摆弄而毫无反抗之力的弱者，不是一碰就碎的瓷娃娃，你的人生也不是在走钢丝，一不小心就会粉身碎骨。

事实恰恰相反，你人生的舵牢牢握在你自己手里，你可以随时打破、随时重塑，不管跌倒多少次，你都能够爬起来，越活越有韧性。

你的人生经得起折腾，经得起浪费。

还记得去年和朋友聊天。

他问我：5年后你在哪里？会做什么？

我想了想说：应该会在各地旅居吧，一边经营自己的事业，一边体验新的生活，认识新的人，听有意思的故事。

他随后又问道：为什么是5年后，不是现在？

当时的我愣住了，无法回答。

我察觉到我内心有些恐惧、迟疑，也许是舍不得离开生活7年的城市，也许是对要搬到一座陌生城市什么都要从头再来心生恐惧。

也就是在最近，我突然发现，我好像准备好了，可以启程了。

后来我将自己的计划告诉了妈妈。

妈妈感叹说：真好，你的人生够精彩的了，做了很多人一辈子都不敢做的事。

我知道说这句话的妈妈也在羡慕我能够活出她年轻时不敢活出的样子。

到那时，我会带上我的狗狗，在洱海边散步，和古城里生活的朋友边喝酒边聊天。

所以，我想对你们说，人生是很好玩的，你的人生尽可以大胆一点儿，冒险一点儿。

丢脸没关系，犯错没关系，跌倒没关系，受伤没关系，失败没关系，搞砸也没关系。

人生虽然没有撤回键，但好在它四面八方都有路。

所以，不要被恐惧困住脚步，不要被焦虑裹挟，不要被过去束缚。

只要你不停向前走，每一天都是新的篇章。

你最大的问题是不信任自己

发现一个母题绊住了 90% 的女性,就是不信任自己。

"不信任自己"这个母题,会催生出无数个子题:年龄焦虑、催婚压力、离不开一段消耗的关系、害怕孤独终老,等等。

你之所以会产生年龄焦虑,是因为你认为自己的价值只有年轻,不相信当性别红利消失以后,自己的能力、见识、智慧、事业还会继续增值。

你之所以想要找一个潜力股,把安全感的建立、对未来的期望寄托在对方身上,是因为你不相信自己才是潜力股,你不相信把金钱、时间、心力投资在自己身上能够在未来创造更大的价值。

你把"一个人生活"这件事想得太过可怕,所以,不自觉地总想要依靠他人,不是靠父母,就是靠伴侣、靠孩子。

你急于给自己的人生套上一层层保险,把自己扔进一个又一个显而易见的坑里面。

因为你不敢相信自己,你的内在虚弱、没有力量,而你在成长过程中,习惯了别人的介入和干预。

你从来没有尝试过依靠自己去觅食、去穿越迷雾、去克服困难,没有亲身体验过这种经历。所以,你不相信自己有这个能力、智慧、力量来应对这个世界。

而你对自己的不信任又会继续助长你对他人的依赖感。

"内在虚弱—不相信自己—习惯依靠他人—无法独自应对—内在虚弱"就是女性一生中要面对的内在困境。

之前有个小伙伴私信我,埋怨男朋友不够上进,每次都要靠她去鞭策,她很累,在考虑要不要分手。

这个问题的本质,其实根本不是要不要分手。

而是当你对未来感到迷茫、焦虑的时候,你没有把精力用来自我提升,而是用来鞭策另一半,期待另一半能够给你一个光明确定的未来。

她在用"男朋友没有上进心"这个子题,来掩盖不敢为自己的人生负责的事实,逃避"不相信自己"这个母题。

当你认识到只能依靠自己老老实实打好地基,一砖一瓦建设自己人生大厦的时候,你就破除了"不信任自己"这个母题,躲开了人生路上一个个巨坑。

那个时候,年龄焦虑不会再困扰你。

因为当性别红利消失,你真正的价值会显露出来。

催婚压力也不再困扰你。

你从世俗成就上获得了足够的认可,不再强求父母、亲戚的理解。

一段消耗的关系还会困扰你吗?

不会,因为你一个人也能够过得物质充足、精神富足。

<u>鸟从来不害怕坠落,因为它们拥有随时让自己起飞的翅膀。真正的安全感,无法来自任何人,它只能来自你自己,来自不管身处何种逆境,你都能随时把自己打捞起来的底气。</u>

那么,我们如何信任自己?增强内心的力量呢?

第一点,<u>把自己当成一个潜力股</u>。

你有时间去责备、挑剔恋人事业心不强、不够上进,鞭策伴侣,不如投资自己的硬实力和软实力,硬实力就是你的专业能力、变现能力,软实力就是你的见识、情商、认知,等等。

第二点,<u>做成一些事</u>。

增强内心力量、信任自己不是一蹴而就的。

一定是从一件件小麻烦的解决、小困难的克服、小目标的达成开始的。

依靠自己去解决一些烦恼,克服一些困难,做成一些事。

这些"小成就"会带给你一定的正向反馈,增强自我效能。

量变引发质变。慢慢地,你的自信心会大大增强。

第三点，直面恐惧。

你怕什么，就去做什么。

你怕一个人旅行，就策划一个人去旅行。

你怕上台演讲，就找机会上台演讲。

你性格内向、害怕社交，就把自己抛进人群中，和他人建立联结。

然后你会意识到，原来曾经无比恐惧的事，不过如此。

于是在不断战胜恐惧的过程中，你拥有了掌控人生的力量。

第四点，遇事告诉自己"小问题，我可以搞定"。

遇到麻烦和困难的时候，不要慌，告诉自己，"这些都是小问题，我可以搞定"。

每个人心底都是有力量的，区别只在于你是否愿意看见并使用它。

当你愿意赋予自己力量时，你就拥有了调度内在资源、智慧、潜力的能力。

一定要相信自己，建立对自己的信任。

你要相信，一个人也可以过得很好。

即便遇到麻烦、困境，也可以轻松搞定。

你的人生禁得起打击，扛得起风险，承担得起代价。

因为你是自己最大的靠山，你可以随时给自己兜底。

清醒要趁早，你一生都在为选择买单

以下3个陷阱，女孩们一定要睁大眼睛看清楚。

它贯穿女人的一生，你避不掉也躲不开。

如果你20岁，我希望你早点儿看到，不必用惨痛的代价换来"人间清醒"。

如果你30岁，我希望你回首复盘，不必用"往事不要再提"来安慰自己。

女人一生都在为选择买单。

年轻时，你的每一个选择，都决定了你今后要走的路是遍地荆棘，还是星辰大海。

年轻时的每一分懒惰、盲目和天真，都会在年老后加倍偿还。

一、被消费主义洗脑

消费主义会告诉你，世间一切你想要的美好事物，都有对应等价的商品。

你觉得用一个月的工资买买买，就是对自己最好的犒劳。

你觉得踩着上万块的高跟鞋，就能走路带风。

你觉得穿上华服、背上名牌包，别人就能高看你两眼。这只能证明你的自卑、虚荣和无知。

你内在越虚弱，越想用名牌来加持。

买买买，买不出一个光明璀璨的前途，只会吞噬你的未来和注意力。

当你的能力配不上你的野心，我劝你将欲望的野马拉好。

你花的每一分钱，都在为你的未来投票。

同样的钱，用来买包叫消费，用来学习、旅行叫投资。

你有价值、有自信，穿件几十块钱的衣服都会被追问在哪里买的。

但当你没有价值、没有自信的时候，身上几万块钱的衣服也会被看作地摊货。

穿金戴银没什么了不起，把自己变成奢侈品才了不起。

二、弱小的时候找大树依靠

当你觉得自己很弱小，对自己的生存能力没有自信时，你就会想要找一棵大树依靠。

你可能会遇到有一定社会阅历和经济基础的男性，让他为你遮风挡雨，为你分担生活压力。

当同龄人在雨中奔跑的时候，有人在背后为你撑伞。

他会无限包容你，包容你的任性和小脾气。

你觉得麻烦的、困难的事情，他都替你去做。

有他在，你感到无比心安，觉得做一个什么都不懂的小笨蛋也挺好。

这时候你要警惕了，这种诱惑最难分辨。

因为他阻碍了你的成长。

本该由你承担的，你无法扛起来了。

该努力去做的事情也怠于应对了。

你觉得自己很快活、很舒坦，但实际上你的能力停滞了，开始原地踏步。

他不是真的爱你，是在圈养你。

真的爱你，是推动你变成更好的自己。

要记住，你被什么保护，就被什么限制，能给你遮风挡雨的，也可能让你变成"温室花朵"。

三、随波逐流，不敢坚持自己

你不了解自己，既不知道自己擅长什么，也不清楚自己想要怎样的生活。

那么，你做的所有选择都容易让你后悔。

你不甘过那种一眼能望到头的生活，偏偏选择留在小城市，因为他们说：小城市幸福指数更高！

你厌倦了人际纷争，偏偏选择了一份需要八面玲珑、圆滑处事的工作，因为他们说：体制内的工作才有保障！

你生性浪漫自由，却找了一个木讷、不解风情的伴侣，因为他们说：过日子就是要找踏实的！

你安慰自己，这就是人生，想要的总是得不到，不想要的却丢不掉。

殊不知，这就是随波逐流的代价。

别人不认同，你就觉得浑身难受。

别人不理解，你就觉得无所适从。

你太过依赖外界和别人的肯定来决定自己下一步行动。

你也许不是不知道自己想要什么，你是不敢相信自己，不敢坚持自己。

所以，你选择了随波逐流，这样能做的好处就是，如果过不好一生，可以随时找到责怪的对象，怪父母，怪劝你的亲戚，怪当初不看好你的朋友，怪不支持你的伴侣。

一旦坚持自己，失败了就没有任何借口。

"我生怕自己本非美玉，故而不敢加以刻苦雕琢，却又半信自己是块美玉，故又不肯庸庸碌碌，与瓦砾为伍。"

选择做自己，必然要承担被误解、被孤立、被批判的代价。

选择随波逐流，何尝不需要付出代价？

人生就是这样，如果你不主动追随你想要的，那么你不想要的就会紧咬着你。

走向上的台阶总是艰苦而耗时的，坐向下的滑梯则快乐又恣意，你要警惕所有让你停滞不前、闲散安逸、消磨斗志、磨平锐气的选择，它们通向的不是自由，而是炼狱。

人生根本没有所谓的弯路

人生根本就没有弯路!

所有的弯路,都是你的必经之路;所有的偶然,其实都是必然。

命运真的很神奇,你过去不经意尝试的某件事、收获的某种体验、看起来一无是处的经历,或许会在某一天连点成线,在你的生命中交织汇聚,成为你某部伟大作品的素材、某次觉醒蜕变的动力。

在乔布斯的传记中有个故事让我印象特别深刻。

乔布斯读大学的时候,看到学校张贴的海报上的手写字很美,于是跑去学了书法。

他学习了不同的字体,练习在不同字母组合间变更字间距,领略到了活版印刷的伟大。

那时候,他觉得书法的美感、历史感与艺术感是科学无法捕捉的，非常迷人，而他也根本没有期待这个东西能够对他的生活产生什么实际作用。

然而 10 年后，他在设计第一台麦金塔电脑时，突然想起了当时书法课上学到的东西，于是将其进行设计，应用到了电脑里。

如果当初乔布斯没有学习书法课，最初的电脑系统里可能就不会有多种多样的字体和可以改变的间距了。

后来乔布斯也说：

展望未来时，你不可能预知这些片段将如何串联起来，只有在回顾往事时，才会明白其中的关联。

因此，你必须相信这些点点滴滴在未来总会以某种方式串联在一起。

你要相信某些东西，比如勇气、命运、生命、因缘，等等，因为只有相信生命中的点滴定会在未来相串联，你才会拥有听从自己内心的勇气，你的内心将引导你不再固步自封。

乔布斯的故事给我最大的启发就是，我们无法预测现在正在经历的事、学习的东西、认识的人会在将来对我们的人生起到什么样的作用。

但命运是最好的编剧，它会在未来的某一天，负责把这些过往经历以一种奇妙的方式串联在一起。

我非常喜欢电影《贫民窟的百万富翁》，这部电影的主角是一个出生在贫民窟的男孩，一次，他报名参加了一档竞答比赛节目，比赛的获胜者可以获得百万美元奖金。

男孩没有受过高等教育，也不是某一领域的专家，却打败了众多优秀的竞争者，因为主持人问的每道问题，恰好都对应了他过去坎坷多难人生中出现过的杂乱碎片。

这就是命运的玄妙之处，你永远不知道它会在当下的哪个路段、哪件事情上为你埋下伏笔，你也无法预料它将把你带到何处。

我也拥有过类似的感受。

那些我以为走过的弯路、遭遇的挫折和打击、身处的低谷、做出的错误选择，后来都被证明是必要的，不仅是必要的，而且是构成现在的我的某个不可或缺的重要环节。

如果没有大学时被忽视和表白失败的经历，我就不可能会对探索内在产生兴趣。

如果大三暑假没有留在北京实习，我就不可能发现我在写作上的天赋和热情，日后更不可能出书。

如果没有前几年工作时的频繁跳槽和裸辞，我就不可能拥有做自由职业的决心和勇气。

如果没有昏了头选择加入一家"初创公司"，我就不可能战胜出镜的恐惧，转型成为短视频博主。

冥冥之中，有一双手把我一步一步往前推着走，于是我不知不觉来到了这里。

而如今回首一望，才领悟命运的巧妙用心和精心安排。

所以，人生根本没有弯路。

你要做的就是追随内心的直觉，接受一切来到你生命中的人和事。

你只需要相信这些人和事会在未来某天派上重要用场。

不必犹犹豫豫担心自己选错了路，也不必害怕遭遇挫折和低谷。

<u>所有的过往和当下都藏着未来的拼图，没找到这些拼图，只是因为当下的你看不清全貌。</u>

《秘密》里面有一段话我非常喜欢：

想象有一辆在夜间行驶的车子，车灯只能照亮前方四五十米的道路，但你可以从加州连夜一路开到纽约，你只需要看得到前方 50 米的道路就可以了。生命也是如此在我们面前展开。只要我们相信，下一个 50 米的路途还会展现在我们面前，然后又一个 50 米接着展现……那么，你的生活就会一直展开下去。不论你真正要的是什么，它最终都会带你到达目的地，因为那就是你想要的。

当下的你也许无法看清自己的目的地，但是你只需要迈出第一步，然后再迈出下一步，走着走着，直到某一天，你会突然意识到，原来所有的一切好似都是提前安排好的，都是命运为你定制的私人剧本。

不管你做了什么选择，经历了什么事，遇到了什么人，不管当下这些事和人有没有对你产生影响，那些体验都会变成你生命中的养料,那些人都会成为你人生路上的摆渡人。

你要相信自己内在具有无穷的力量,向左走、向右走、向前走、向后走,都会遇到不一样的风景,获得不同的人生礼物。

因为人生根本没有弯路,你走的每一步都算数。

每个人一生中总会经历至少一次"灵魂暗夜"

我见过所有心狠、目标感强、会搞钱的女性,都有一个共同点,那就是她们都曾独自穿越灵魂的暗夜,被生活逼入绝境,被打碎重组。

我喜欢的一位博主玲玲说自己年轻的时候和很多女孩一样,在脆弱无助的时候找了个男人当"靠山",一度和对方到了谈婚论嫁的地步。

直到有一次对方因为很小的事情打了她,她不知道哪里来的勇气,当晚收拾好行李离开,一路上在出租车里号啕大哭。

后来她无数次庆幸自己勇敢跨出了那一步。

她说:"很长一段时间里,我就像条蚯蚓,在黑暗里一节一节向前拱、往前爬,不停地寻找光亮,寻找更好的机会,哪怕只是好一点点"。

演员马苏也曾说过,自己曾经很多次因为和男友吵架,被对方赶出家门，她拖着行李徘徊在街上，无家可归。那个时候她才意识到，女人必须要独立，要有自己的生活，自己的独立空间。

一个女人蜕变觉醒的前奏，是从被现实打回原形开始的。

是你鼓起勇气离开了一个错误的人，意识到从今往后必须独自一人应对生活的狰狞面目开始的。

是你为了节省一千块钱的房租，搬到了偏僻的郊区，每天通勤时间长达3个小时开始的。

是你在一家公司里被"温水煮青蛙"，看不到发展前景和升职希望，本来不高的薪水还一再降低开始的。

是你意识到世界上没有任何人可以完全依赖，连你的父母、你的伴侣都不可以的时候开始的。

在你被生活逼到绝境的那一刻，你终于看清了一切。

那个长期以来笼罩在你身上的粉红泡泡"啵"的一声破灭，你被踹出了自己的乌托邦，你终于意识到，你是没有退路的，你的身后空无一人。

于是你咬着牙、忍着痛，你逼迫自己去面对回避已久的生存问题，瞪大了眼、拼了命地找寻出路，抓住能抓住的一切向上爬。

如果你处在这样艰难动荡的时期，恭喜你，觉醒的时候到了。

那些深植于我们内在的软弱性，必须通过陷入绝境、低谷来克服和戒除。

这是人生中为数不多的涅槃重生的机会，是黎明到来前最沉默压抑的至暗时刻。

我的至暗时刻，是从和谈了很多年的恋人分手开始的。

我生活中熟悉的一切被打乱，没有人再为我分担房租，没有人给我指引方向，没有人为我驱散寂寞，没有人为我托底、为我遮风挡雨，破事儿一件追着接一件，生存压力开始一步步咬紧我。

那段时间我就像失重了一样，被一只无形的手高高抛起，又重重摔下。

我相信，每个女人一生中总会经历那么一两次"灵魂暗夜"。

可能是被窘迫穷困的生活紧咬，或是和相恋已久的恋人分手，也可能是发现了美满婚姻之下巨大的疮疤。

那是人生中最动荡、最落魄困窘、最孤独无助的时刻，你觉得自己迷失在黑暗森林中，四周湿冷阴暗。

这时，不要为了逃避黑暗孤独，更不要因为寂寞、没有安全感而急于寻找下一个依靠。

<u>黑暗里蕴藏着巨大的生命力。</u>

<u>那里有着原本属于你的力量，现在只是通过外部的撞击拿回它。</u>

你终于放弃了幻想，在生活的重锤下，顾不得体面优雅，

你只想活下来。

你终于舍得对自己下狠手。

你告别了过去那个单纯、无忧无虑、双脚悬空的自己。

你的手上结满了痂，脚上全是泡，你的眼神更笃定、更有光芒。

当你在灵魂的暗夜里彻底死过一次后，光明终会降临，而你将迎来涅槃。

村上春树说过一句话：

当暴风雨过去，你不会记得自己是如何度过的，你甚至不确定，暴风雨是否真正结束了。但你已不再是当初走进暴风雨里的那个人了，这就是暴风雨的意义。

当你流着血、含着泪，亲自把自己从一摊烂泥中拎出来，用溃烂的指甲抠着墙壁不让自己下滑，和凶险的生活过上几百招，你就能从动荡不安中找回秩序和力量。

女人一生中大多数的不幸、苦难和挣扎其实都来自我们逃避了生存问题。

我们无意识地用恋爱、婚姻、育儿来逃避最根本的问题。

可是你逃不了，20多岁的你不去面对，到了三四十岁的时候，它迟早会找上你。

你吃不了生存的苦，生活就会用其他形式的苦来回馈你。

生存的问题没有被解决，就会衍生出一系列的"病症"：

年龄焦虑，担心孤独终老，无人依靠。

没有勇气离开一段损耗你的关系。

大城市待不下去，小城市又回不去。

觉醒越早越好，你越早意识到你没有退路、无所依靠，你才能把更多的时间和精力留给自己，努力向下扎根，拼命向上生长。

要知道"获得幸福的途径只有一条，那就是自立自强，而不是一味地想要'被爱'。只有自己爱自己，自己养活自己才是我们真正能把握住的东西"。

所有相逢，皆有意义

所有的相逢，皆有其特殊的意义。

一个人来到你身边，是带着他的宝藏来和你进行交换的。

这个宝藏是什么呢？——是这个人的格局、视野、思维、认知、能量、气息，等等。

因此，你和一个人交往，就是拿着自己的宝藏和对方的宝藏进行交换。

当你和这个人深度联结过，你们都不再是从前的自己了，你们沾染上了彼此身上的气息。

所以，如果你有幸和他人在短暂的人生里相逢，你要相信，你们是彼此的使者和上师，不要辜负这份相遇。

一、与你相逢的人，是一把钥匙

与你相逢的人，就像是一把钥匙，借助对方，我们打开了通向未知世界的大门。

我之前在线下活动中遇到一个学艺术管理的女生，她从小一直学习画画，通过和对方的交流，一起去看画展，我打开了通往艺术世界的大门，我知道了怎么去感知和赏析一幅画，了解了顶尖艺术家们的创作方式，以及他们的经历是如何影响他们的作品的。

我在线下活动还认识了一个学阿根廷探戈的男生，他勾起了我对阿根廷探戈的好奇心。通过他，我打开了通向舞蹈世界的大门，我知道了如何通过身体去感知一个人，以及如何通过身体去释放和塑造性魅力。

每个人身上都藏着一把钥匙，当你带着好奇心去了解他，不去评判，不去贴标签，不去随意下论断，你就能够通过他们，打开一扇门、一扇窗，看到截然不同的风景，进入未曾踏入的领域。

于是，你的人生边界会慢慢地向外扩张，你的世界变得更开阔了，见到的风景更为壮丽迷人。

二、与你相逢的人，自带技能包

你身上携带着和你深入交往过的人的气息。

每一个和你建立联结、深入交流过的人，其实都曾与你交换过身上的气息、能量、天赋、技能。

就像打游戏时捡到的工具包一样，他们也会带给你不同的经验和技能。

我们会无意识模仿我们喜欢、认同的人，所以，当我们和朋友深度联结时，会无意识模仿和习得对方观察、思考的方式，携带的天赋、优势、技能，内在的精神品质，等等。

譬如，我和一位很精通人性的朋友聊天，接触久了就发现我可以通过语音语调的变化、措辞的使用等微观处去观察人，会偷走对方"洞察人心"的能力。

譬如，和我的疗愈师相处久了，我从她身上习得了一种品性——温柔而坚定，我开始懂得尊重内心和身体的感受，温柔坚定地表达自身立场。

认识和接触的人越多，我便拥有越多的技能。

所以，当我们展示自己的时候，我们展示的不只是我们自己，还包括我们看过的书、遇到过的人。

三、与你相逢的人，是一面镜子

很多时候，我们都被困在自己的信息茧房里，只看符合自身认知、信念的书和视频。

于是我们不断强化自身的偏见和倾向性，变得越来越狭隘、闭塞。

由于与不同身份、性格、风格的人进行交谈，我们打开了一个窗口，允许那些和我们立场、世界观不同的信息进来。

每一个人都拥有自己的一套世界观，与他人相遇，就像是两个截然不同的系统相遇、相交。我们变得更加兼容，多了一个视角去看待这个世界。

举个例子，我是一个极度感性、随性的人。

以前我一直以此为荣，后来遇到很理性的朋友，我才懂得凡事过犹不及，只有感性而没有理性就容易变得情绪化、冲动、偏激、爱钻牛角尖，而加上了理性这块平衡木之后，我才知道要同时倾听感性和理性的声音，以达成一种内在的平衡。

我常常会随意打乱自己的计划，任由心情主导我的工作进程。后来我认识了一位非常有计划性的朋友，无论他多难过悲伤，只要时间点一到，就会立马起身工作。从他身上我看到了计划的必要性，于是学会了将一定程度的随性和一定程度的计划性相结合。

我是一个极度理想主义的人，当我认识了一位很懂经商的朋友后，她让我意识到，不要一味保持清高，也要学会落地，不要去抗拒、排斥经商，经商也是一个很好玩的游戏。

因为这些朋友的存在，我不再一味鼓吹感性、随性、理想主义，开始渐渐变得理性、有计划性，更愿意去了解商业相关知识。以前我看世界只用单一的视角，而现在通过我的朋友，我开始从极端走向平衡，从一元走向多元。

你认识和交往的每个朋友，都会和你发生不同的化学反应，你们互相催化，彼此点亮，各自赋能。

你们的交流,就像一种生命的共创,你们一起在一块画布上,带着各自的风格去涂抹勾画。

你不知道你们会创造出什么意外惊喜,但你知道,这段旅程结束后,你们都会蜕变成更好的人,这就是相逢的意义。

一定要一个人独自旅行一次

30 岁以前,一定要一个人旅行一次!

我以前是一个很害怕一个人旅行的人,一方面是因为怕麻烦,觉得什么都要自己来规划;另一方面是害怕女孩一个人在外面不安全。

一个人旅行对于女性来说,具有重要的象征意义。

一、建立对自己的信任

很多女性害怕一个人旅行,她们怕的是什么?

怕麻烦,要一个人做攻略、订机票、订房间。

怕到陌生的城市会遭遇未知的意外和挑战。

怕自己一个人在外面不安全,被坏人盯上。

怕没有人陪伴,没有人依靠。

有没有发现,不敢独自旅行背后的恐惧,和单身、不依附任何人生活的恐惧是一样的,本质上是内心没有力量,不相信自己能够面对并解决人生旅途中出现的各种状况。

我以前是一个很害怕一个人旅行的人，不知道为什么，潜意识里总觉得"外面的世界很危险"。

所以，我总希望结伴旅行，一路上有人分担、有人照顾、有人陪伴。

那个时候的我，宁愿停留在一段消耗自己的关系里，也不敢勇敢结束这段关系，开启一个人的生活。

而一个人旅行时锻炼的是什么？是你对自己的信心。

当你尝试过一个人旅行，你就会意识到，这件事并没有想象中那么可怕。

你知道了什么时候的机票更便宜，如何快速筛选性价比高的酒店民宿。

旅途中出现的各种意外状况，提高了你预判和防范风险，以及随机应变的能力。

你迈出了害怕麻烦他人的内心孤岛，随时准备求助，和他人建立联结。

而旅途中看了什么风景、买了什么纪念物并不重要，重要的是当旅途结束，拎着沉重的行李箱安全回家的那一刻，你会发自内心地觉得自己很棒，内心有某种力量感生长出来。

从此，你不再畏手畏脚，不再害怕一个人做任何事，比起认为"外面的世界很危险"，你更加相信"外面的世界很精彩"。

二、认清自己的重要手段

事实上，独自旅行是一个宝贵的认识自我的途径。

旅行并不是从你下飞机、下高铁，踏在陌生城市的土地上开始的。

而是从你收拾行囊的时候就已经开始了。

行李箱装的东西，都在告诉你，当下你最割舍不下的是什么，占据你大部分生活的是什么。

我在旅途中认识一个女生，她拎着一个非常大的行李箱，里面装了很多衣服、鞋子，以及各种化妆品、卷发棒。

我问她：如果只能带一个双肩包，你会在里面装些什么？

她想了一会儿，非常艰难地摇摇头说：目前我做不到只背一个双肩包，我有太多东西必须带上。

而行李箱里的东西就是你内心世界的呈现。

衣服、鞋子、各种化妆用品，都反映了潜意识里的我们还不能完全接纳真实的自己，对获得他人的喜爱有着一些执着和渴求。

而我发现，在旅行途中，除了衣服以外，我总会带上几本书，即便它们在整个旅途中没有被翻阅过。

书象征着潜意识里我对学习、成长的执着，以及对时间的焦虑。即便是旅行，我依然提醒自己不要虚度光阴，以此来抵消休闲玩乐带来的罪恶感。

行李箱是内心世界的缩影,你可以通过观察行李箱里装的物品,来审视自己的内心。

三、打开对多元生活的想象力

结伴出游,你会更多地待在小圈子里,只能和同行的朋友一起坐车、吃饭、聊天。

独自旅行,你会很容易敞开身心,伸出触角,和当地的人、事、物建立联结。

而旅途中真正给我们留下深刻印象的,往往不是看过的风景,而是旅途中邂逅的人,听到的故事,获得的启发。

它们就像一扇扇窗,为我们呈现了多元生活的美好画面。

譬如,我在大理的时候,碰到一个卖游牧咖啡的男生。

男生背着一个大包四处旅行,走到了哪儿,就在哪儿摆摊卖自己的手冲咖啡养活自己。

他对很多东西都没有执念,不管是亲密关系,还是物质金钱,抑或是事业上的追求。

这些东西对他来说都是累赘。

对于一个时刻准备出发的人来说,保持身心的轻盈才是最佳选择。

在大理,我还认识了一个开咖啡店、未婚的 40 多岁的北京老男孩儿。

他说在云南待得越久,活得越糙,对吃的、穿的越来越不在意了。

我问他为什么？

他说：可能因为内心变得安宁了吧，没有那么多的欲望和执念，所以，向外求得也少了。

对于他来说，卖点儿咖啡，没生意的时候坐在门外的藤椅上发发呆，人多的时候就把店关了，跟好哥们儿自驾去人少的地方躲清静，就是幸福。

而这些旅途中遇到的人，会为你打开一扇窗，你会发现，幸福的人生原来不只有一套模板。

四、放下执念

独自旅行也是一次身心的出离。

人在一个地方、一种生活里待久了，不可避免地会陷入某种停滞的状态中，变得固执僵化、爱钻牛角尖。

而独自旅行就是帮助我们从日常重复的轨迹中解放出来，让我们得以换个位置，换种生活方式，从而获得一种更为开阔的视野和心境。

那些想不通的事情、放不下的执念、忘不掉的过去，在旅途中被淡忘了。

独自旅行本身就是一场自我疗愈，新鲜的体验将你从思维、大脑的牢笼中解放出来，投入当下，你会被一场日落征服，被陌生人的善意打动，被街角偶遇的歌声撩拨。

你会发现幸福的真谛就是全心全意活在当下。

当坐在回程的车上,你会突然发现,曾经以为很重要的事情变得没那么重要了,那个令你日思夜想放不下的人就这么轻轻地放下了。

勇敢面对人生母题

大多数人都有个倾向，就是试图用一些问题来遮掩另一些问题。

用年龄焦虑、父母催婚这类问题来遮掩生存能力不足的问题。

用打游戏、刷短视频上瘾的问题来遮掩人生意义缺失的问题。

用父母控制欲强、喜欢道德绑架的问题来遮掩为自己人生负责的问题。

人们一直在逃避自己人生的母题。

什么是母题呢？

你人生的母题，就是你生活中大大小小烦恼的根源，是你内在活力、热情、力量缺失的症结。

你的母题就像一棵大树的主要枝干，而所有其他问题，都是从这根主干上生出来的小枝丫。

你的母题隐藏在冰山之下，而你生活中遇到的大多数问题就像冰山冒出水面的部分。

如果你一直逃避母题，就只能疲于奔命地解决生活中冒出来的各种各样的子题，解决了这个，还会有另一个冒出来。

而母题背后，通向人类生存的终极命题，同时它也隐藏着我们内心最深处的恐惧。

这些命题是人类所共有的，但不是所有人都有勇气去直视它。

就这样，我们选择了用一些问题来遮掩最根本的母题。

可以说，一个人在多大程度上解决了母题，就能多大程度地打破枷锁，也就拥有了多少自由、活力和力量。

如果我们一直不去直视和解决母题，我们的人生就会被各种牢笼困住。

我们常常会在生活中遇到以下的子题，而这些子题背后藏着更为深刻的母题。

子题一：年龄焦虑

可能大部分女生会遇到一个问题，就是在 30 岁的前两三年会陷入年龄焦虑，看着性别红利的大门正在渐渐关闭，于是慌不择路地找一个人结婚生子。

表面上这是年龄焦虑的问题，但实际上这个子题背后藏着一个更为深刻的母题，就是生存问题。

当失去结婚这条退路之后,你是否有足够的自信依靠自己的能力立足于社会,并且让自己过得越来越好。

但由于"靠自己"这条路看起来太难、太辛苦了,于是一些女性选择了用情感上的烦恼去掩盖生存能力不足的问题。

当然,每个人都有选择的自由,如果你对自己的生存能力不够自信,觉得依靠自己无法获得理想的生活,那么,选择另一条路——嫁得好,也不失为一个很好的选择。

但你在二十七八岁的年纪躲过了生存问题这个母题,接下来的人生就会一帆风顺吗?

不会的,因为你接下来的人生会一次次忙于应付"生存能力不足"而衍生出来的其他子题。

当你生存能力不足,在家里或许会面临"没有话语权"的问题,什么时候怀孕,什么时候生子,生多少个,你的意见未必那么重要,更多取决于你的丈夫的意愿。

当你生存能力不足,你的另一半做了一些触及你原则和底线的问题时,你可能会选择无止境地妥协和退让,因为你没有离开这段关系、重新开始的勇气。

当你生存能力不足,就无法按照自己的意愿去学习、旅行、进修,因为所有这一切都需要花钱,而你的"金主"并不乐意在你身上投资更多。

生存问题这个母题不解决,你就只能硬着头皮去应付因此而衍生的一系列子题——年龄焦虑、父母催婚、生育不自主、被婆家瞧不起、在婚姻中步步忍让，等等。

所以，母题是逃不掉的，你在 20 多岁逃掉了，到了三四十岁时依然会再次遇到，而那时候再去解决，往往要付出更大的代价。

子题二：被父母道德绑架

之前遇到过一个男生，这个男生对我哭诉，说他的人生被父母操控了，父母威逼利诱地让他留在老家，为了套住他，不仅给他在老家找了一份体制内的工作，还在老家给他买了一套房，让他自己还房贷。

他说感觉自己的人生被困住了，他真正想做的是离开老家，去北上广打拼。

也许很多人和这个男生一样，我们把无法过上自己想要的生活的责任推给别人，我们怨怪父母控制欲太强，指责父母道德绑架。

表面上这是父母执念太深、控制欲太强的问题，但这背后的母题是——我们不敢为自己的人生负责。

父母并没有拿刀架在我们的脖子上，我们之所以选择顺从父母，是因为我们不敢去承担不听话的代价。

就像上面说到的这个男生，他完全可以辞掉父母给自己安排的体制内的工作，一个人前往大城市打拼。

但他没有,不是因为父母困住了他,而是因为他不敢为自己的人生负责。

他害怕辞掉了体制内工作的这个铁饭碗,去大城市找不到满意的工作;害怕真的不顾一切去了大城市之后混得不好,回来还要面对父母、亲戚的说教。

这些"做自己"的代价看起来太大了,他承担不起。所以,与其如此,不如选择顺从,这样不仅能将过得不好的责任推给父母,还能保持一种"如果我当初去大城市说不定会过得很自由、很好"的可能性。

不敢为自己的人生负责这个母题,可以衍生出许许多多的子题。

譬如,习惯事事征求别人的意见,不敢自己下决定,做决断。

或者,没有勇气追求自己的梦想,觉得被父母、伴侣和孩子困住了。

或者,明明意识到一段关系在持续不断损耗自己,却没有勇气说分手,提离开。

所有看似来自外界的枷锁,其实都来自我们内心的恐惧,是我们亲自编织了一个个牢笼困住了自己。

而一旦你敢于正视并着手解决你的母题,在它破解的一瞬间,所有的子题也会消失,那些困住你的枷锁便失去了效力。

因此，破局的方法从来不在外界和别人那里，而是在我们自己的心里。在突破母题、超越恐惧边界的一瞬间，你就会发现，没有什么能够真正困住你，你本来就是自由的。

子题三：打游戏、刷短视频上瘾

可能有的人会有这样的体验，一下班回到住处，就开始打游戏、刷短视频，怎么都停不下来，直到半夜才会心不甘情不愿地放下手机去睡觉。

而这种行为，表面上看似是"上瘾"问题，但实际上这背后是人生意义缺失的问题。

打游戏、刷短视频是一种无意识的逃避，我们借这些能够带来短暂刺激感和兴奋感的事物，来逃避内在的那份巨大空虚，这样我们便不必再去面对自己内心深处的声音，也不必接受灵魂的叩问：我这一生到底有什么意义？

因为这个问题实在太庞大，完全没有头绪。

所以，比起思考它，我们更愿意用一些更为简单的问题来"杀时间"。

我们从出生开始，便一直跟着社会时钟前行，到了什么年龄就去做这个年龄该做的事。我们之所以选择买房买车，选择找个条件合适的人结婚生子，选择一份稳定的工作，不是因为我们真的想这么做，而是大家都这么做。所以，我们也跟着这么做。

就这样，我们用一个又一个的"应该"来逃避思考人生意义的母题。

而一旦你想清楚了自己的人生意义，你就建立起了自己内在的秩序，变得强大笃定，不会轻易被外界的声音动摇。

直面人生母题是勇敢者的游戏，敢于破解母题的人，最终也会收获生命馈赠的大礼，那就是——度过一个丰盈、自由、不后悔的人生。

很多时候，我们感觉自己被困住了，被父母、被工作、被伴侣、被孩子、被房贷绊住，但实际上真正困住我们的，是我们自己。

而母题就是那把钥匙，一把打开牢笼，让我们得以通往更自由开阔的世界的钥匙。

而我们要做的就是找到它，解决它。

这个过程也许会让你感到恐惧、焦虑、不安，你一定会无数次想要逃跑，回到浑浑噩噩的状态。

但穿越恐惧的边境，在那里，等待你的，正是你一直渴望的自由。